애나 클레이본 지음 이은경 옮김

경이롭고 매력적인

수학 게임 91

너무 놀라 숨이 턱 막힐 걸!

(주)다연
DAYEONBOOK

brain development quiz

경이롭고 매력적인 수학 게임 91

초판 1쇄 인쇄 2022년 12월 1일 **초판 1쇄 발행** 2022년 12월 20일

지은이 애나 클레이본 **옮긴이** 이은경
펴낸이 박찬근 **펴낸곳** (주) 다연 **주소** 경기도 고양시 덕양구 삼원로 73 한일윈스타 1422호
전화 031-811-6789 **팩스** 0504-251-7259 **메일** dayeonbook@naver.com

ISBN 979-11-92556-04-8 (03420)

* 잘못 만들어진 책은 구입처에서 교환 가능합니다.

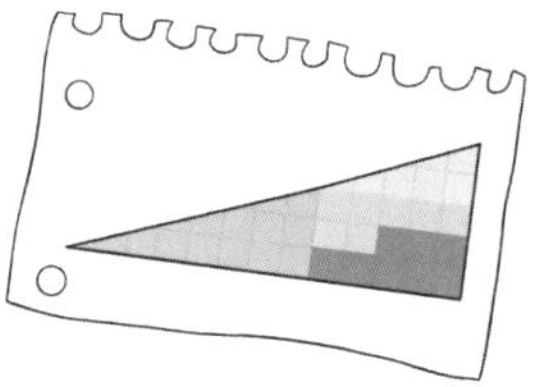

CONTENTS

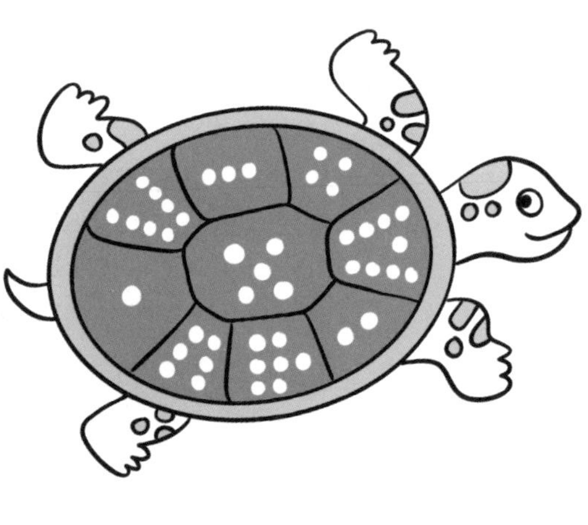

들어가는 말

온갖 종류의 환상적인 수학 묘기, 게임, 도전, 미스터리가 궁금했나요?
그렇다면 제대로 찾아왔어요. 수학이 이토록 놀라운 것들을 할 수 있다니, 믿기 힘들 거예요!

수학이란 무엇일까요?

우리는 학교에서 배우는 수학이 무엇인지 알고 있어요. 그런데 수학은 정말 무엇일까요?
수학은 측정과 계산을 하는 숫자의 과학이에요. 단순한 학과목이 아니죠. 수학은 모든 종류의 과학에서 사용되며 일상생활에서도 상당히 중요해요. 다음은 수학이 중요하다는 사실을 말해주는 몇 가지 일상적인 업무예요.

우리가 물건을 사거나, 저축하거나,
돈을 받을 수 있게 해주는 금융시스템

우리가 뭔가를 하는 시기를 알 수 있게
날짜와 시간을 만드는 것

집을 흔들리지 않게 짓거나
재료를 알맞게 섞어
케이크를 만들 수 있도록
정확하게 계량하는 것

우주선을 달에 도달하게 만드는
등의 일을 할 수 있도록
정확한 각도와 방향을
알아내는 것

올바른 주소나
버스 또는 신발
사이즈를 찾을 수
있도록 사물에
라벨을 붙이는 것 등,
모두 수학이 공헌한
일들이에요.

수학은 전 세계 모든 사람이 이해할 수 있어요. 왜냐하면 숫자는 어디에서나 똑같이 기본 방식으로 작동하기 때문이에요.

그러나 숫자의 세계를 들여다보면 볼수록 수학은 더 신비롭고 마법 같다는 사실을 깨닫게 될 거예요. 종이를 둘로 잘랐는데 어떻게 여전히 한 조각만 있는 거죠? 아무것도 없는 데서 어떻게 갑자기 정사각형이 나타난 걸까요? 매번 완벽한 별을 그리는 비결은 무엇이죠? 어떻게 하면 도저히 불가능한 종이를 만들거나, (거의) 풀 수 없는 암호를 생각해내거나, 친구들의 마음을 읽을 수 있다고 믿게 할 수 있을까요?

아 참! 아르키메데스가 목욕탕에서 알아낸 것이 무엇이었죠?

이 책은 멋진 트릭과 수학적 마술로 가득 차 있으며, 우리의 마음을 완전히 사로잡을 수 있도록 고안되었어요. 우선 퍼즐을 직접 풀어본 다음, 친구와 가족들에게 문제를 내봐요. 엄청 당황하겠죠!

사라지는 신기한 사각형

첫 번째 트릭으로, 어디선가 나타나서 어디론가 사라지는 사각형을 만들 거예요!
그것이 어떻게 된 일인지 알아내고 나면, 이상한 낌새를 알아채지 못하는 친구들과 가족에게 시도해보기로 해요.

트릭!

4개의 작은 도형으로 이루어진 삼각형 조각그림이 있어요. 사각형 표시가 된 배경 위에 그려져 있기 때문에, 각 도형이 몇 개의 사각형 조각으로 이루어졌는지 정확히 알 수 있어요.

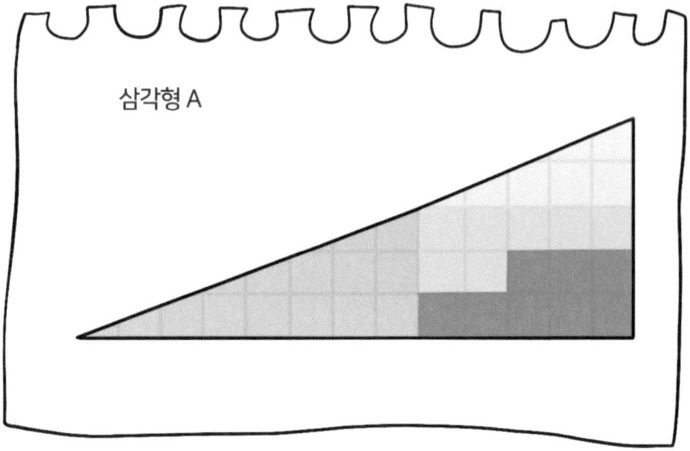

지극히 평범한 삼각형이라 특별히 주의할 건 없죠!

그렇죠? 이제 아래 삼각형을 볼까요. 정확히 같은 도형으로 만들어졌고 재배열되었죠. 삼각형의 높이와 길이가 같아요. 모든 조각이 똑같아요. 그럼에도 불구하고, 이 삼각형에는 채워지지 않은 정사각형이 하나 있네요! 어떻게 이런 일이 있을 수 있죠?

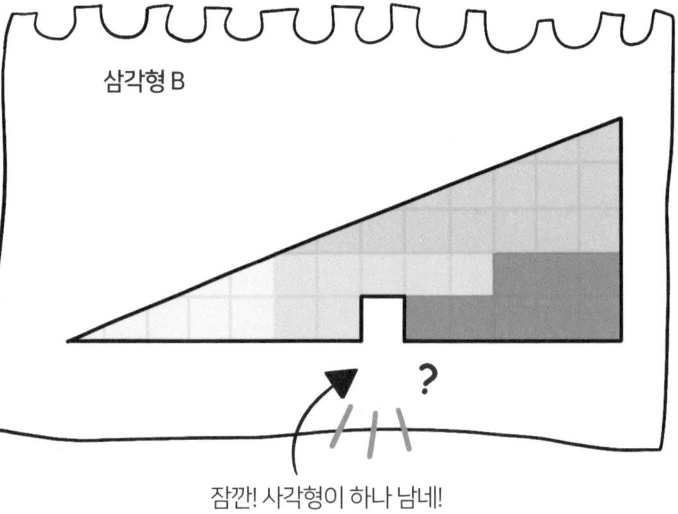

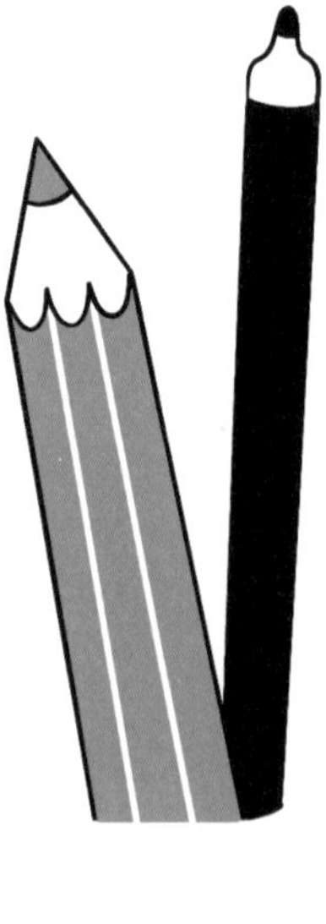

어떻게 된 걸까요?

사실, 이들은 평범한 삼각형이 아니에요. 전혀 삼각형이라고 할 수 없지요. 각 삼각형의 길고 경사진 가장자리 옆에 자를 대보면, 그것이 직선이 아니라는 사실을 발견할 거예요. 삼각형 A에서, 그것은 조각 1과 조각 2가 만나는 곳에서 약간 내려가 있어요. 그래서 삼각형 B가 되도록 조각들을 다시 배열하면, 그 선이 약간 튀어나와요. 그 차이가 매우 작아서 언뜻 보면 두 삼각형 모두 평범해 보여요. 하지만, 그 사소한 차이 때문에 삼각형 B는 삼각형 A보다 정사각형 하나 크기만큼 더 크답니다.

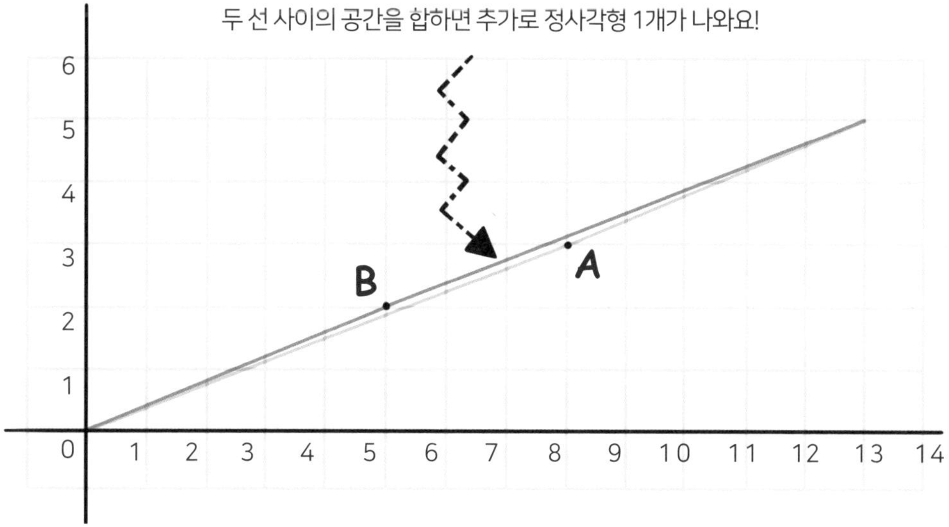

바로 이거예요!

친구들을 속이려면, 실제로 모눈종이 모양을 그리고 오려낸 다음 그것들을 다른 모눈종이에 배열하면 돼요. 물론 재배열하면, 추가 정사각형이 나타나겠죠!

사각형은 몇 개일까요?

이 트릭은 꽤 간단해요. 사각형들을 찾아서 세기만 하면 돼요! 이게 뭐 얼마나 어렵겠어요?

트릭!

이 그림에서 몇 개의 정사각형이 보이나요? 시간은 얼마든지 걸려도 괜찮으니 세어보아요. 친구에게 같이 하자고 요청하고 서로의 답을 비교해보아요.

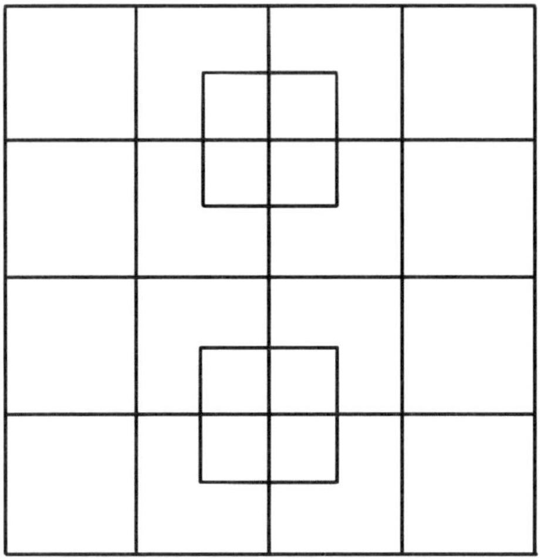

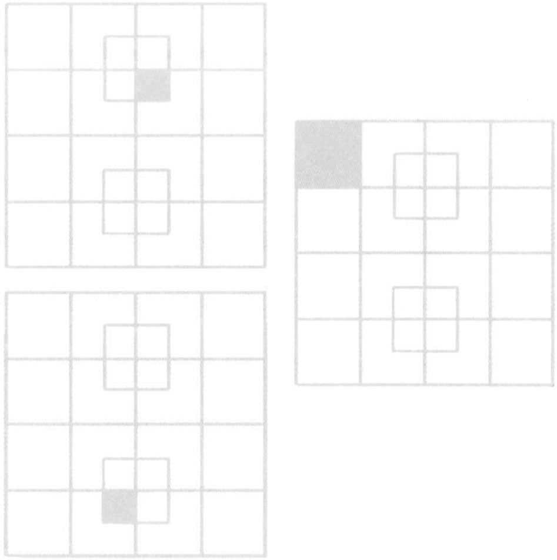

어땠어요? 사각형 40개가 보이던가요?
그렇지 않다 해도, 걱정하지 말아요. 대부분의 사람이 못 보거든요.
사각형을 40개 찾았다고요? 정말 잘 했어요, 당신은 수학 천재로군요!

어떻게 된 걸까요?

이와 같은 퍼즐은 우리를 쉽게 속일 수 있어요. 왜냐하면 그림 속의 선들이 작은 사각형들뿐만 아니라 더 크고 숨겨진 사각형들을 이루고 있다는 사실을 알아차리지 못할 수도 있기 때문이에요.

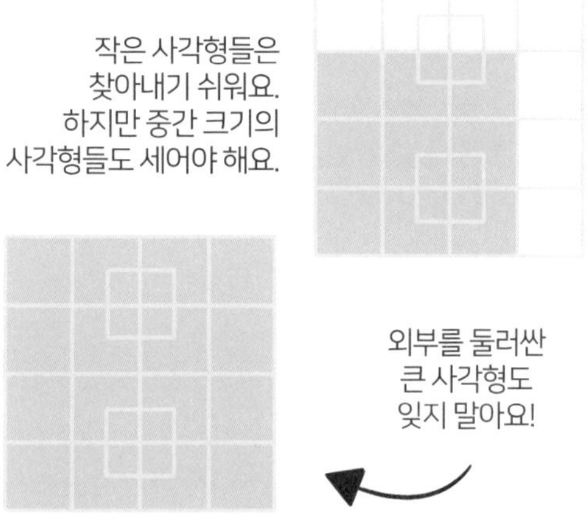

작은 사각형들은 찾아내기 쉬워요. 하지만 중간 크기의 사각형들도 세어야 해요.
외부를 둘러싼 큰 사각형도 잊지 말아요!

삼각형은 몇 개일까요?

이제 어떻게 해야 할지 알았으니, 이 삼각형 문제를 풀기는 아주 쉬울 거예요.

트릭!

여기 새로운 그림이 있어요. 삼각형을 몇 개나 찾을 수 있을까요?
간단해 보이지만, 조심해요. 보기보다 더 어려울 거예요!
세다가 막혔다면, 가장 작은 크기의 삼각형부터 세요.
그것들을 세고 나서, 그다음 크기의 삼각형을 찾아보고,
그다음엔 더 큰 삼각형을 세고, 이런 식으로요.
만약 이러한 방법으로 주의 깊게 셌다면,
총 24개의 삼각형을 찾을 수 있어요!

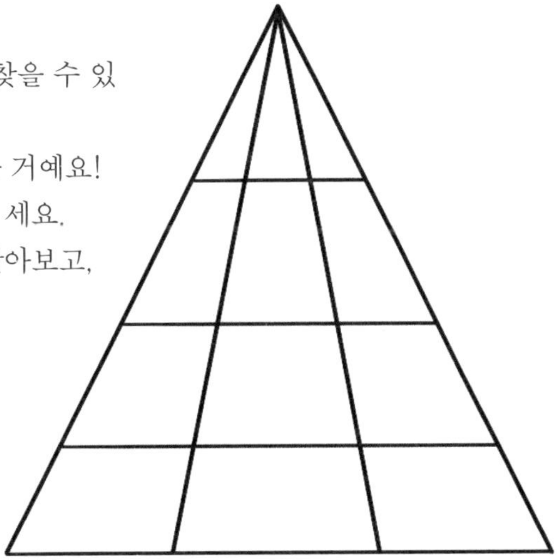

어떻게 된 걸까요?

어떤 사람들은 이 퍼즐을
사각형 퍼즐보다 훨씬 더
어려워해요! 삼각형을 모두
찾기가 어려울 뿐만 아니라,
이미 센 삼각형을 기억하는
것도 까다롭기 때문이에요.
만약 정말 확실하게 하고 싶다면
(시간은 많아요!),
전체 모양을 여러 번 그린 다음,
찾아낸 각 삼각형에 따로 빗금을
쳐서 음영을 주어요.

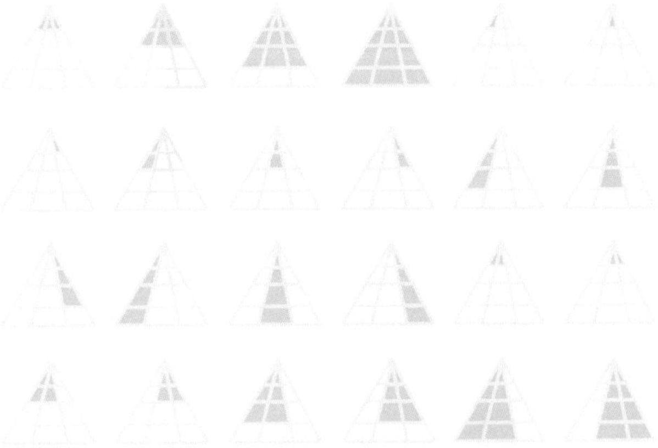

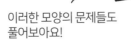

이러한 모양의 문제들도
풀어보아요!

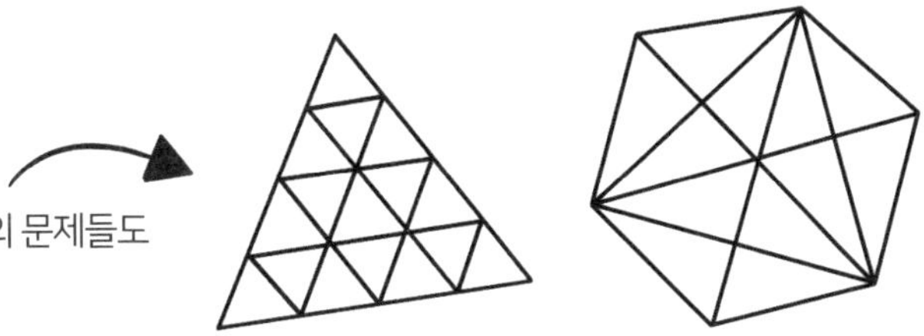

도형 늘이기

이번 트릭은 수학적 원리를 이용해서 기발하게 그림을 늘이는 거예요. 알맞은 각도에서 그것을 보면, 완벽한 그림이 보이게 하는 건데요! 그곳이 바로 수학과 예술이 만나는 곳이죠.

트릭!

이러한 그림들은 '애너모픽' 그림이라고 해요.
예술가들은 그것을 숨겨진 이미지와 3D 트릭 그림을 만드는데 활용해요. 여기 예가 있어요.

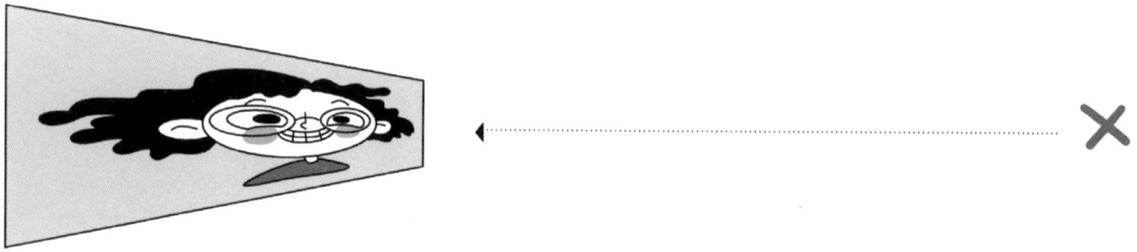

이 그림은 늘어나고 일그러져 보이죠. 하지만 페이지의 X 표시에 한쪽 눈을 가까이 대고 그림을 보면 그림이 평범해 보입니다! 직접 해봐요.
아래처럼 2개의 격자무늬 종이가 필요해요. 늘어난 그리드와 일반 그리드 말이에요.
이러한 그리드는 복사하거나 베끼거나 직접 그려도 괜찮아요.

정사각형 그리드에 그림을 정상적으로 그려요.
그런 다음 확장된 그리드 위에 그림을 따라 그리고요.
한 번에 한 사각형씩 본떠, 다음과 같이
각 사각형에 맞게 선과 모양을 늘입니다.

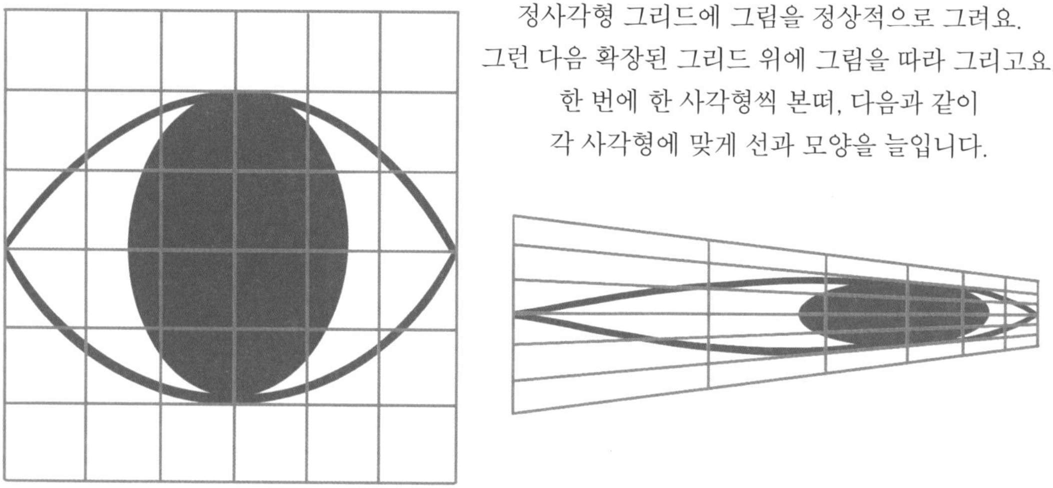

마지막으로, 늘어난 그림을 일반 종이 위에 그대로 본떠요. 원한다면 진하게 음영을 넣어주고요. 그것을 한쪽 끝에서 보면, 그림이 정상적으로 보일 거예요!

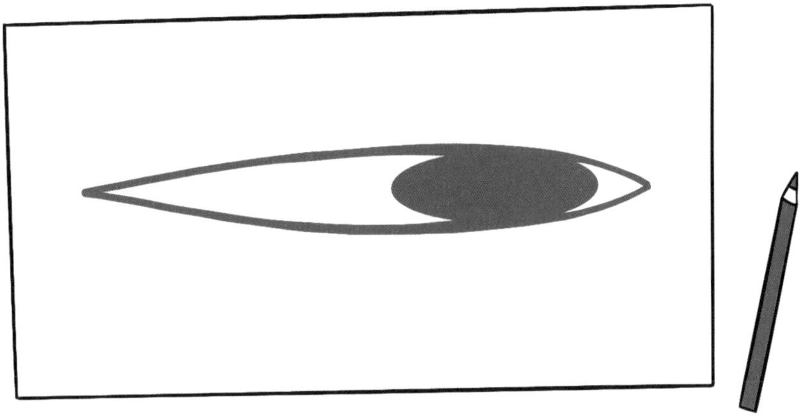

어떻게 된 걸까요?

누구나 알다시피, 더 멀리 있는 것들은 더 작아 보이잖아요. 한쪽 끝이 점점 더 커지고 늘어나는 그림을 그리면, 이것이 '수축' 효과를 대신해요. 그래서 알맞은 각도에서 보자면 늘어난 부분들이 더 작아 보이게 되어 그림이 평범해 보입니다.

이것도 해봐요!

종이 위에 공을 그림과 같은 식으로 그리고 끝에서 바라보면, 떠다니는 3D 공처럼 보일 거예요! 공의 위쪽 반을 잘라내고 아래에 그림자를 넣으면 더욱 설득력 있게 느껴지죠.

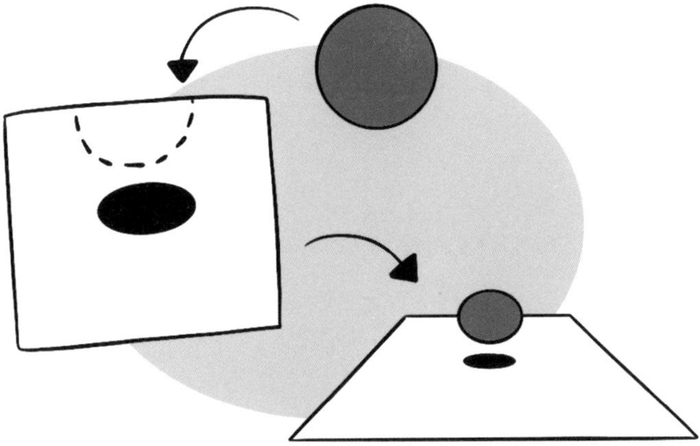

별을 그려요, 어떤 별이든!

뾰족한 부분이 몇 개가 되든 항상 완벽한 별을 그릴 수 있기를 원하나요?
흠, 지금이 기회예요! 그냥 이 쉬운 트릭을 시도해보자고요. 별의 수학적 비밀 공식이랍니다.

트릭!

컴퍼스를 사용하거나 동그란 물건 가장자리를 따라 선을 그어 원을 그려요. 5개의 포인트를 가진 간단한 별인 경우, 원의 가장자리에 고르게 간격을 두고 5개의 점을 그려요. 이제 한 점부터 시작해서, 아래와 같이 하나 건너 다음 점까지 선을 그어 원 둘레의 점들을 선으로 이어줍니다. 시작했던 점으로 돌아갈 때까지, 하나 건너 다음 점까지 선을 그리는 동일한 패턴을 사용해요.

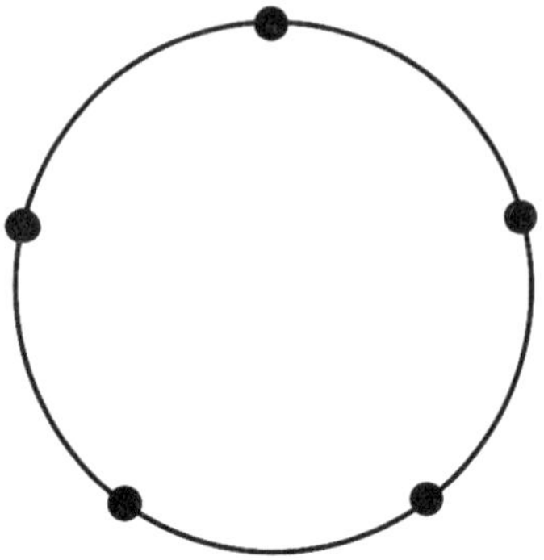

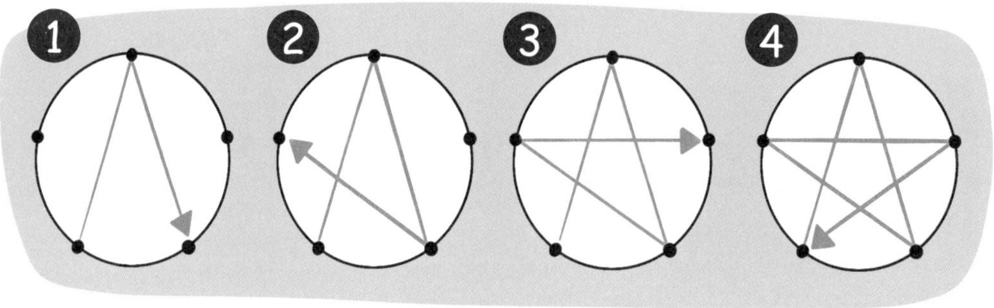

마지막으로, 원을 그린 선과 필요 없는 선을 지워요. 완성된 별을 색칠해도 좋고요.

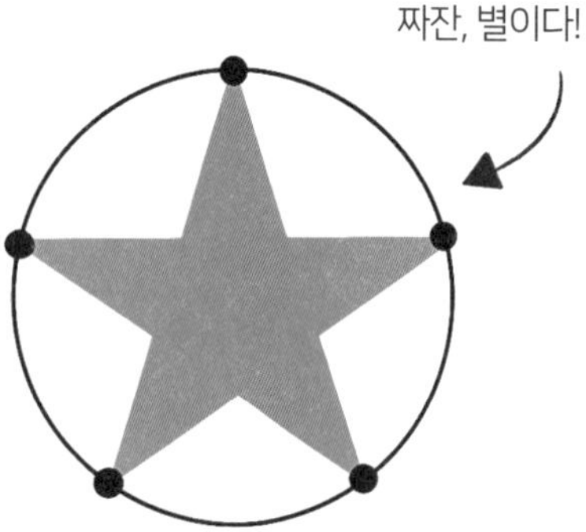

어때요? 쉬웠지요!
같은 방법으로 다른 종류의 별들을 그릴 수도 있어요.
우선, 원 주위에 점을 몇 개든 마음대로 그려요.
그런 다음 한 점부터 시작해서 하나 건너 다음 점까지 선을 그리면서 계속해요. 또는 더 뾰족한 별을 그릴 경우, 점을 2개나 3개씩 건너뛰면서 그릴 수도 있어요.

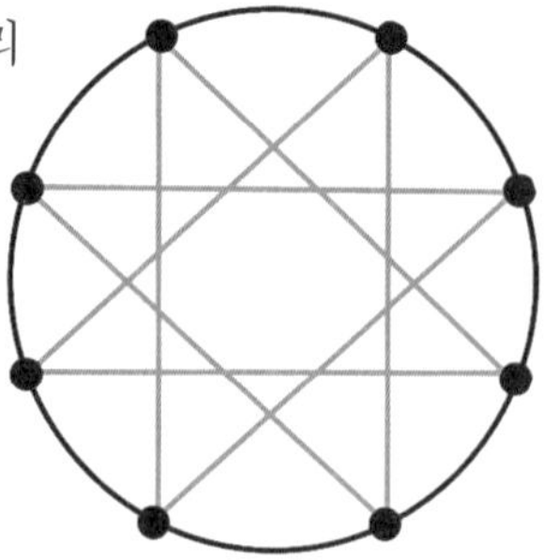

시작점으로 돌아갔어도 별 그림이 끝난 게 아니라면, 다음과 같이 다른 지점에서 다시 시작해도 좋아요.

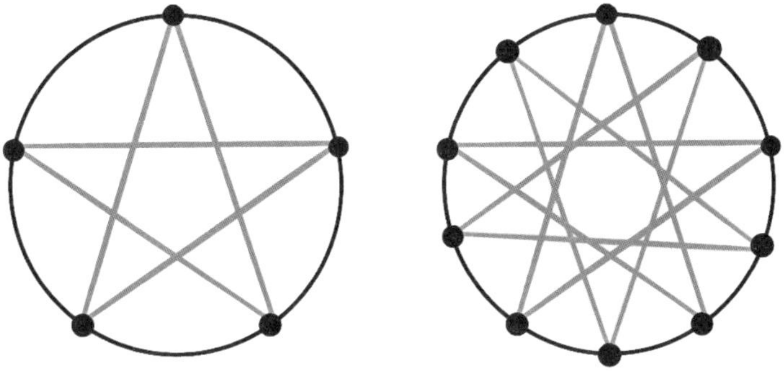

어떻게 된 걸까요?

별은 다각형의 일종으로, 직선 면들이 있는 수학적 형태예요.
선을 그릴 때 원 주위의 점들을 같은 수만큼씩 세서 띄고 그리면,
별의 뾰족한 점들은 서로 같은 각도를 지녀 완벽하게 보일 거예요.

자, 이제 그린 별들을
그림이나 장식에 사용하거나
모빌을 만드는 데 사용하면 됩니다.

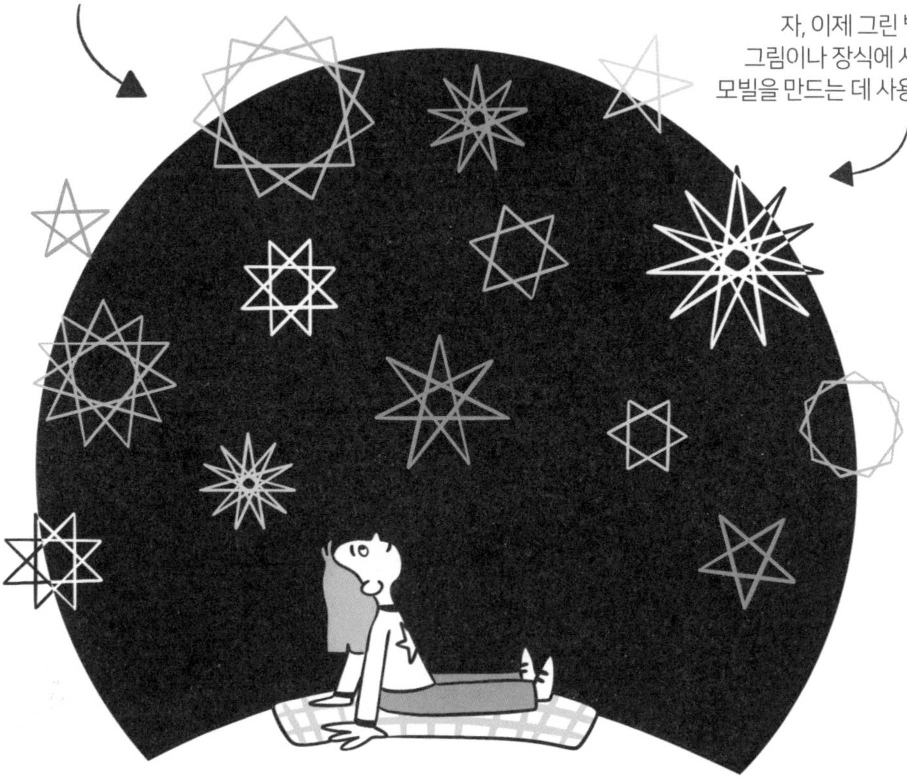

흔적을 감추지 말아요!

이 트릭은 스위스의 천재 수학자 레온하르트 오일러의 이름을 따서 오일러 퍼즐로 불러요.
그는 1700년대에 이와 같은 퍼즐들에 대해 심사숙고하며 수년을 보냈어요.

트릭!

여기 오일러 하우스라고 알려진 오일러 퍼즐이 있어요. 종이에 이 도형을 그리는 거예요. 쉽네요, 그렇죠? 하지만 잠깐! 종이에서 연필을 떼지 않고, 한 선으로 계속 그려야 하며 같은 선을 두 번 지나갈 수 없어요. 교차선은 허용되지만요!

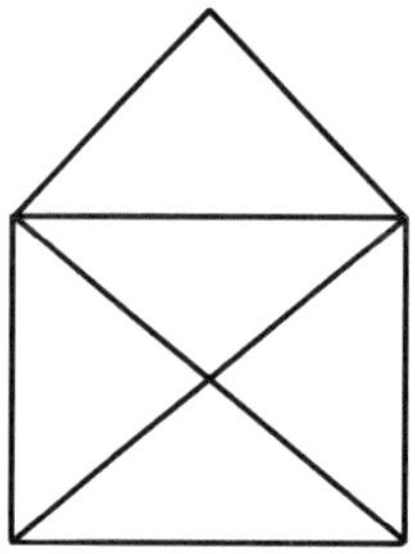

어때요, 성공했나요? 성공 방법이 있어요. 맨 아래 모서리에서 시작하여 다른 모서리에서 끝나는 한, 여러 방법이 가능해요. 여기 그 중 한 가지 방법을 알려드릴게요.

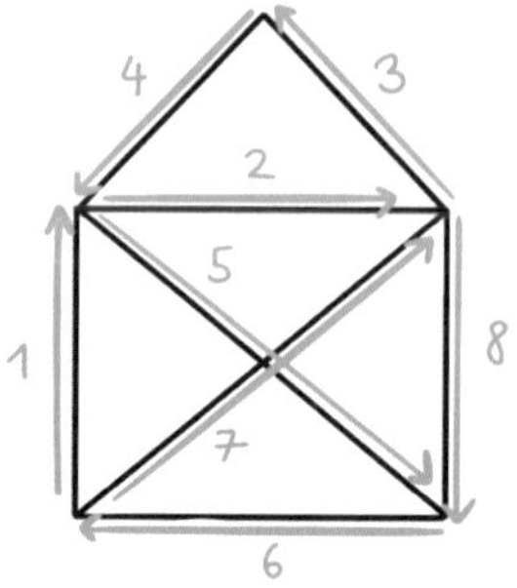

좋아요, 이제 이것을 한 번 해봐요. 좀 더 어렵죠? 사실, 그것은 불가능해요!

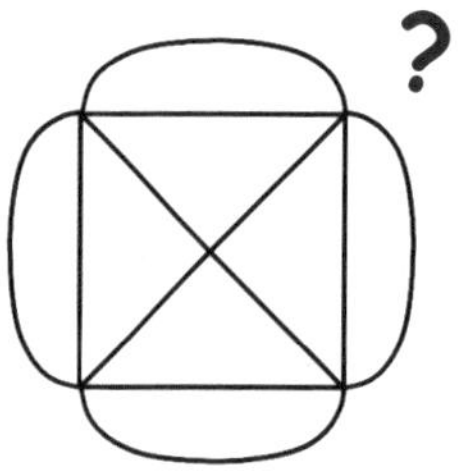

여기 시도할 만한 문제들이 있어요. 어떤 문제가 성공할지 보이나요?

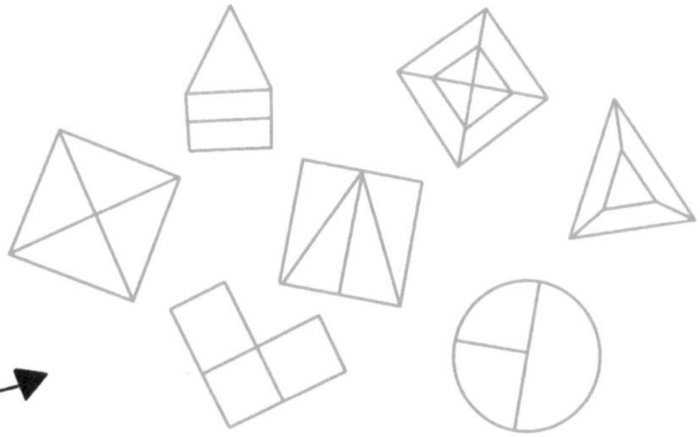

어떻게 된 걸까요?

같은 선을 두 번 지나갈 수 없어요. 따라서 교차점에 도착할 때마다 다른 노선을 따라 출발해야 해요. 즉, 모든 교차점에 짝수 개의 선이 연결되어 있어야 해요. 시작점과 끝점만 홀수 개의 선을 가질 수 있어요. 간단하죠!

비슷한 트릭이 하나 있는데, 이것은 좀 더 교묘해요. 친구나 가족들에게 한 번 시도해보아요!

트릭!

그들에게 종이에서 펜을 떼지 않은 채, 가운데에 점이 있는 원을 그리라는 문제를 내는 거예요.

그들이 쩔쩔매고 있을 때, 어떻게 하는지 보여줘요!
먼저 점을 그린 다음, 종이의 가장자리를 접어서 가장자리가 점과 닿도록 해요.

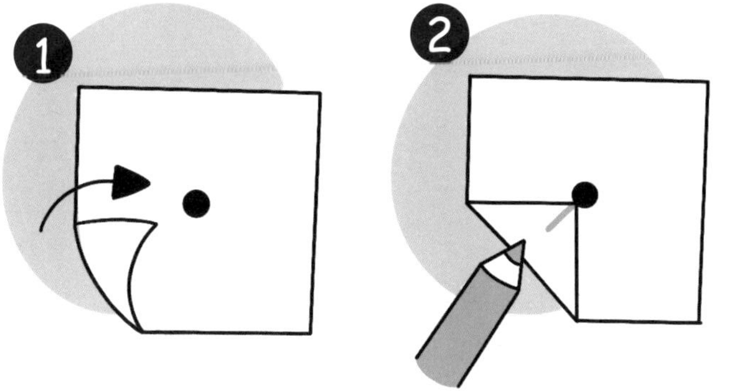

종이 뒷면에 점에서 시작하는 선을 그려 점과 약간 멀어지면, 종이를 펼쳐 원을 그려요!

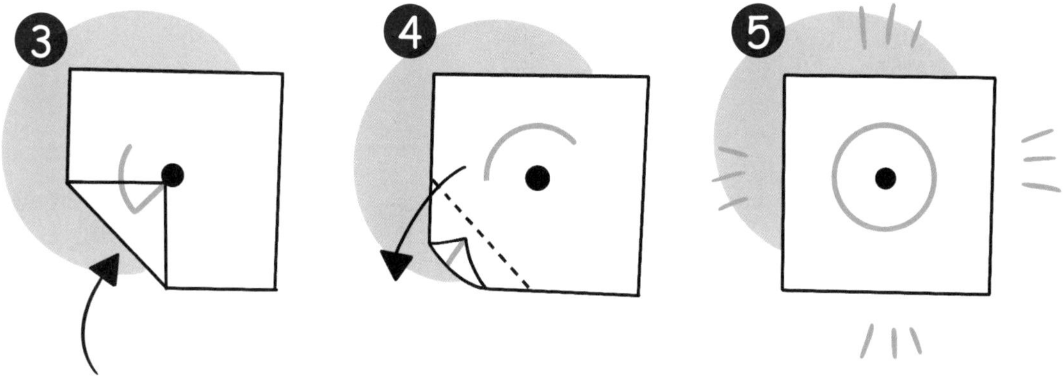

어떻게 된 걸까요?

종이 한 장에 양면이 있다는 사실을 기억해내기 전까지는, 해결이 불가능해 보일 수도 있어요! 아, 50페이지에 나오는 종이는 제외예요. 물론 그것은 또 다른 이야기지요.

진기한 카페 벽

이 기이한 트릭은 직선의 종이를 우리 눈앞에서 곧장 기우뚱한 종이로 바꿀 거에요!

트릭!

우선, 체스판 무늬를 만들어야 해요. 흰 종이에 자와 연필을 이용해 대략 2.5센티미터 간격으로 가로선들을 그어요. 위아래로도 똑같은 간격으로 선을 그어서 격자무늬를 만들어요.

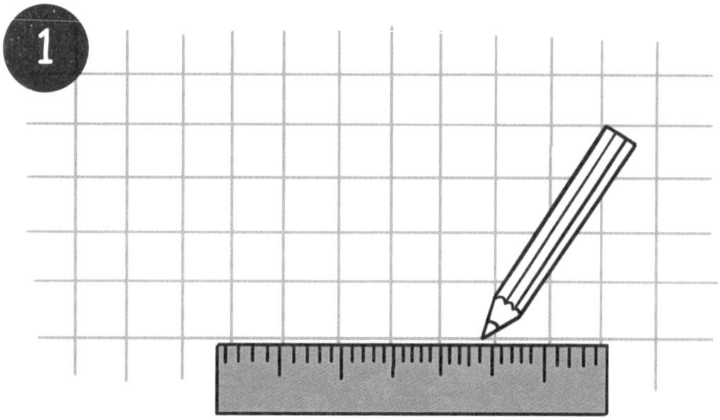

이제 검은색 펜이나 마커로 한 칸씩 건너 색을 칠해 체스판 패턴을 만들어요.

그다음엔, 가로선을 따라 종이를 잘라 체스판 띠를 만들어요, 그림처럼요.

마지막으로, 다른 색조의 종이 위에 또 다른 종이 띠를 놓아요. 검은 칸들이 그림처럼 물결 모양의 선을 그리도록 배열하고요.

그러면 이런 모양이 나올 거예요! 올바른 위치에 놓았다면, 실제로 선이 휘지 않았다는 것을 알고 있지만, 갑자기 선들이 기울고 흔들리는 것처럼 보일 거예요.

어떻게 된 걸까요?

이 트릭은 우리의 뇌가 직선과 대각선을 감지하는 방식 때문에 효과가 있어요. 기울어진 타일의 층들은 흰색 타일들과 겹치는 곳을 기울어 보이게 해요. 이런 현상이 계속 일어나면서, 뇌는 그 사이에 있는 선들을 대각선으로 인식해요. 실제 체스판 띠를 만들어 이 착시를 실험하고, 친구들에게 선이 정말로 직선이라는 사실을 증명해봐요!

바로 이거예요!

이 착시는 '카페 벽 착시'로 알려져 있어요. 이런 무늬의 타일로 덮인 실제 카페 벽에서 처음 발견되었기 때문에 이러한 이름을 얻었지요.

동그라미를 사각형으로

이 기발한 묘기를 부리고 나면, 친구들은 우리가 실제로 2개의 원을 하나의 사각형으로 바꿀 수 있다는 사실에 놀랄 거예요! 종이 띠 2개, 테이프, 가위 그리고 마술 같은 수학 노하우들이 필요해요.

트릭!

먼저, 가로 2.5센티미터, 세로 20센티미터 크기의 종이 띠를 2개 준비해요. 각 띠의 양쪽 끝을 테이프로 붙여 고리를 만들어요. 그럼 2개의 원이 생겼지요. 친구들에게 그것들을 하나의 사각형으로 만들 수 있다고 말해줘요. 그들은 방법을 추측할 수 있을까요? 틀림없이 못 할 걸요!

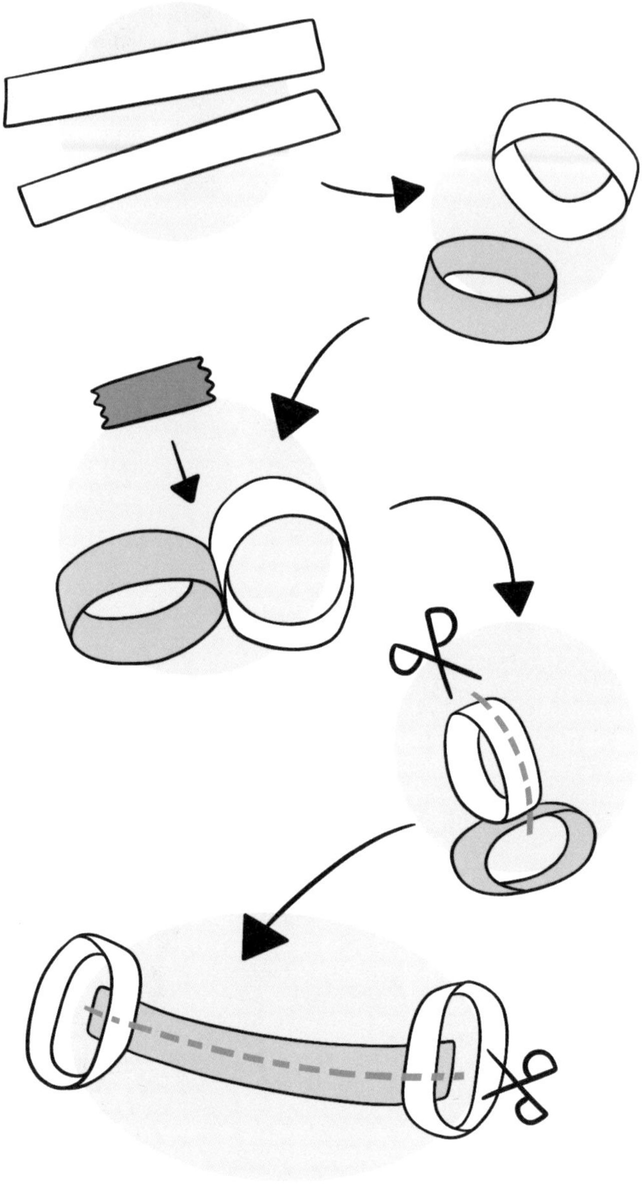

여기 방법이 나와 있어요.
2개의 고리를 직각으로 서로 붙이고 교차점의 양면을 테이프로 함께 고정해요.

이제 가위로, 고리들 중 하나의 가운데를 따라 잘라요. 2개로 잘릴 때까지요. 그럼 다음과 같은 모양이 될 거예요.

마지막으로, 다른 띠 역시 가운데를 따라 잘라요.
와우, 사각형이 생겼네요!

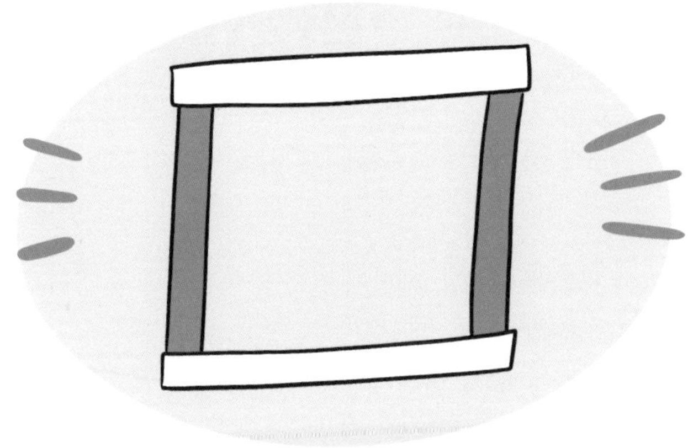

어떻게 된 걸까요?

전혀 사각형으로 보이지 않았던 동그라미 2개를 테이프로 함께 붙이면, 네모난 모양을 이룰 수 있어요. 직각의 이음매가 4개의 사각형 모서리를 만든 셈이에요. 다만 그것들이 붙어 있었을 뿐이죠. 각각의 조각들은 곧은 면으로 만들어졌지만, 둥글게 말려 있었고요. 그 조각들을 잘라서 모서리와 옆면을 서로 분리해주니, 사각형이 생겨난 거예요!

엽서를 통해서

친구들에게 완전히 평범한 엽서를 보여주며 그것으로 곧장 걸어가 통과할 수 있다고 말해요.
이때, 누구나 갖고 싶어 하는 엽서는 곤란해요.

트릭!

친구들이 엽서를 어떻게 걸어서 통과하는지 정확히 보여달라고 요청할 거예요.
그렇다면 우린 보여줘야죠! 자, 이렇게 해보자고요. 모두 직접 해보기로 해요!

1. 엽서의 그림이 안쪽으로 오도록 해서 엽서를 길게 반으로 접어요.

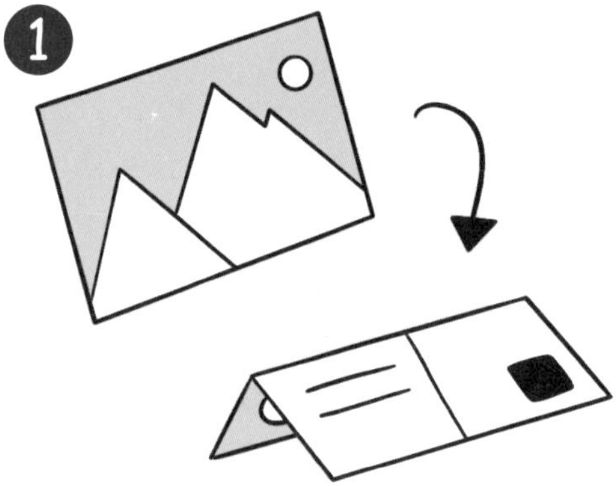

2. 접힌 엽서 윗면에 펜으로 선을 그어요. 책에 나온 선대로 베껴야 해요!

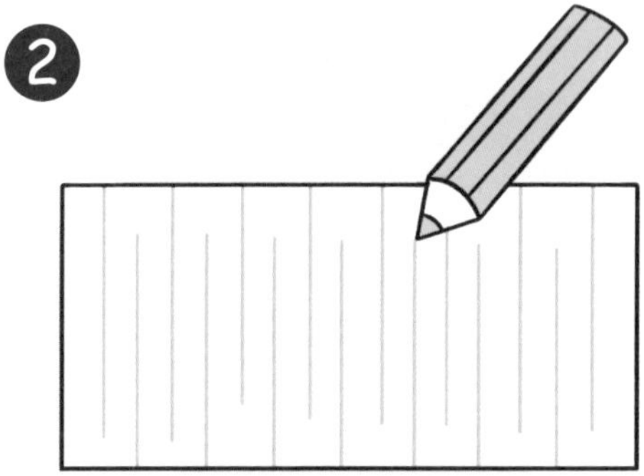

3. 이제 가위로 모든 선을 따라 자릅니다. 앗, 각 선의 끝을 넘어가지 않도록 조심해요.

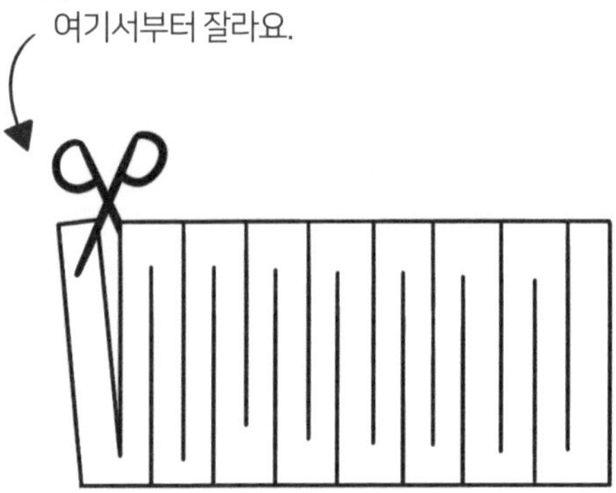
여기서부터 잘라요.

4. 엽서를 펼친 다음, 접힌 부분을 따라 잘라요. 가장 가까운 한쪽 끝에서 시작하면 돼요.

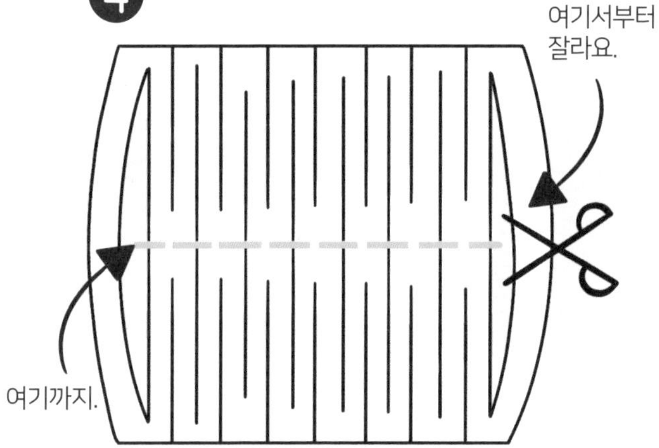
여기서부터 잘라요.
여기까지.

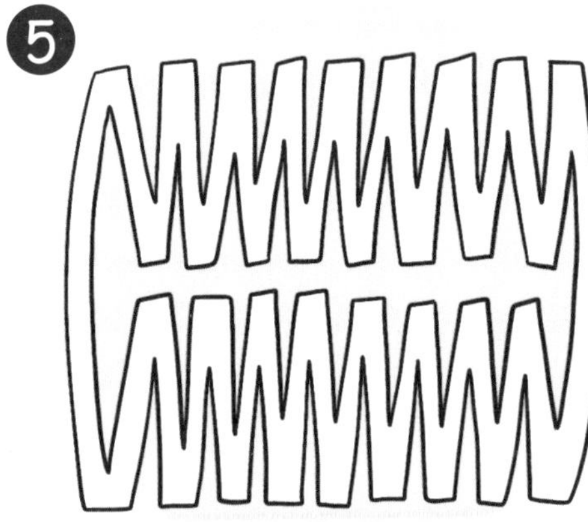

살살 펼치면 큰 고리가 만들어져요.

이제 계단을 걸어서 바로 통과해요!

어떻게 된 걸까요?

우편엽서를 자른 선의 패턴은 기본적으로 큰 지그재그 모양이에요. 이 카드를 길고 얇게 이어지는 띠로 자르도록 만드는 거죠. 선을 더 가깝게 그려서 자르면 띠는 더 얇아지고 훨씬 더 길어질 거예요. 띠를 얼마나 얇게, 고리가 찢기지 않도록 얼마나 크게 만들 수 있는지 해 보기 전에는 알 수 없죠. 그럼 한번 해봐요! 여분의 엽서가 있다면 말이에요.

완벽한 원 그리기

컴퍼스 없이 어떻게 원을 그릴 수 있을까요? 수학이 알려줄 거예요!

트릭!

원을 그리는 것은 모든 종류의 미술 프로젝트에 유용해요. 이 기술로 원의 일부를 그릴 수 있어요. 예를 들면 무지개 그리기 할 때 말이에요.

종이 한 장과 연필 한 자루만 있으면 준비 끝. 평소 쓰던 것처럼 연필을 잡고 세 번째 손가락의 손톱을 종이에 대고 눌러요.

손의 나머지 부분을 들어올려서 세 번째 손가락 끝과 연필만 종이에 닿도록 해요. 그런 다음 다른 손으로 종이를 돌려요. 연필이 원을 그릴 거예요!

더 큰 원을 그리려면
새끼손가락이나 손목을 활용해요.

어떻게 된 걸까요?

원의 테두리에 있는 모든 점은 중앙에서
같은 거리에 있어요. 이 거리를 반지름이라고 해요.
그래서 연필과 손가락 끝 사이를 일정한 거리로
고정한 채, 손가락 끝 주변의 종이를 돌려서
원을 만드는 거죠! 컴퍼스도 이런 식으로 작동해요.

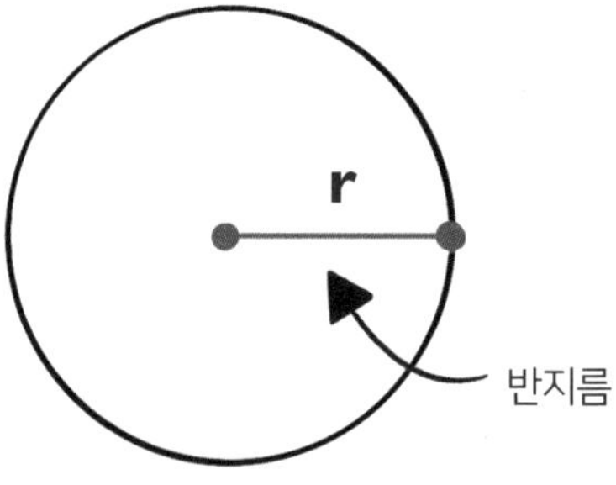

완벽한 나선 그리기

이번에는 또 다른 뛰어난 트릭을, 나선형을 그리는 데 사용해볼게요.

트릭!

먼저, 자와 연필을 사용해서 종이 위에 똑같은 간격(1센티미터 정도)으로 점을 그려요.

1

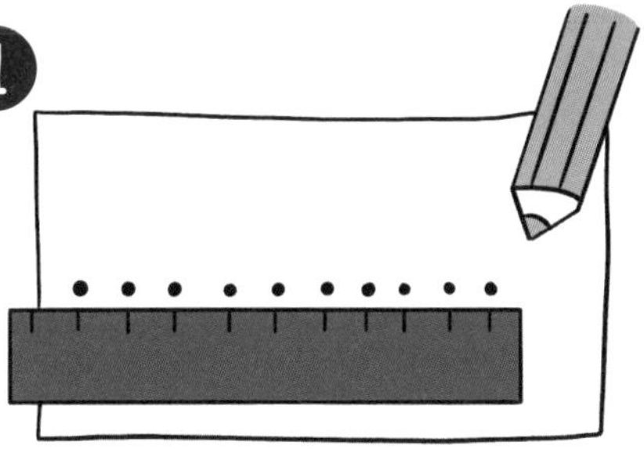

가운데 점부터 시작해서 다음 점까지 원의 절반, 즉 반원을 그려요.

2

이제 그 점에서부터 이전과는 반대 방향으로, 사용되지 않은 다음 점까지 더 큰 반원을 그려요.

3

나선형의 모습이 될 때까지 반원을 반대쪽 점까지 계속 그려요!

4

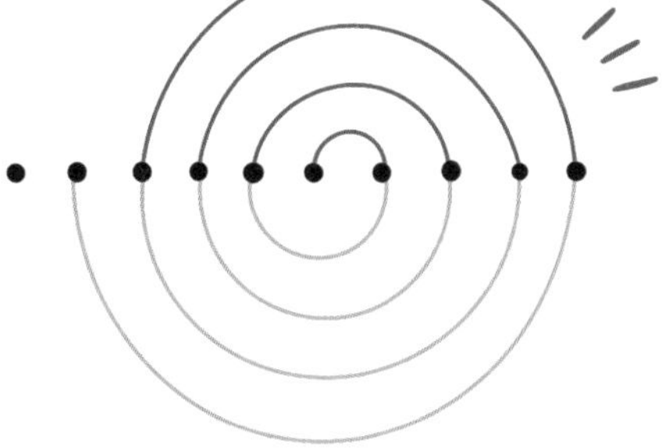

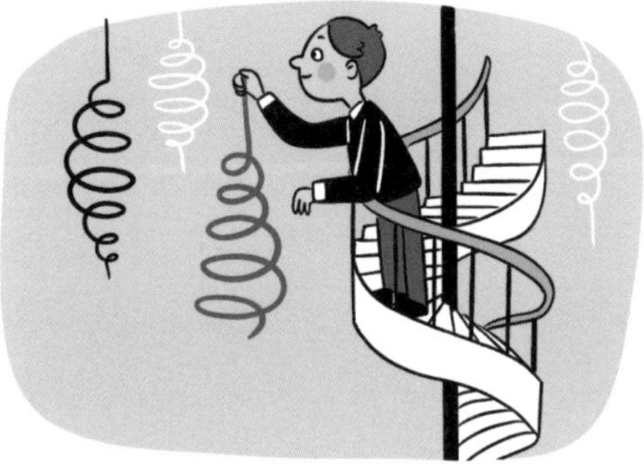

어떻게 된 걸까요?

하트는 그리기가 어려울 수 있지만, 수학이 도와줄 거예요! 동그라미 2개와 정사각형을, 그림과 같이 서로 겹쳐 그리기만 하면 돼요. 필요 없는 부분을 지우면 바라던 하트가 나와요!

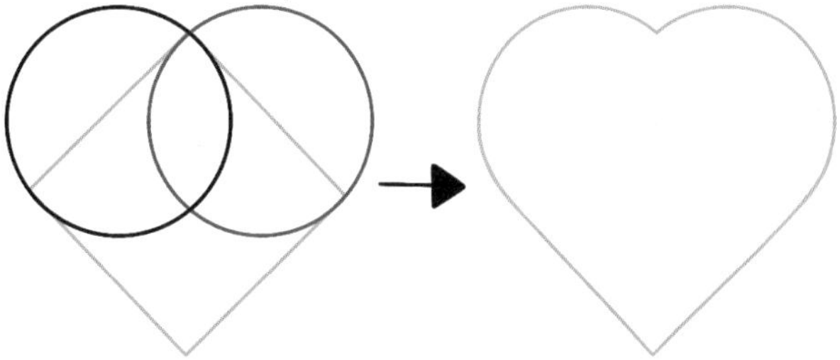

부피 구하기

부피는 3D 물체가 차지하는 공간의 양을 말해요. 어느 놀라운 천재가 빛나는 아이디어를 떠올리기 전까지는, 부피를 파악하는 것이 쉽지만은 않았어요!

트릭!

3D 도형(입체도형)의 부피를 구하는 일은 수학에서 흔한 일이에요. 정육면체와 같이 규칙적인 입체도형일 경우에는 상당히 쉬운 일이죠.

이 정육면체는 세로 3센티미터, 가로 3센티미터, 깊이 3센티미터(앞면에서 뒷면까지)예요. 부피를 구하기 위해서는 함께 곱하면 돼요.

세로×가로×깊이, 즉 3cm×3cm×3cm로 부피는 $27cm^3$(27세제곱센티미터)예요.

그렇지만 실제로 측정이 어려운 더 복잡한 모양이라면? 그 부피를 어떻게 구할 수 있을까요?

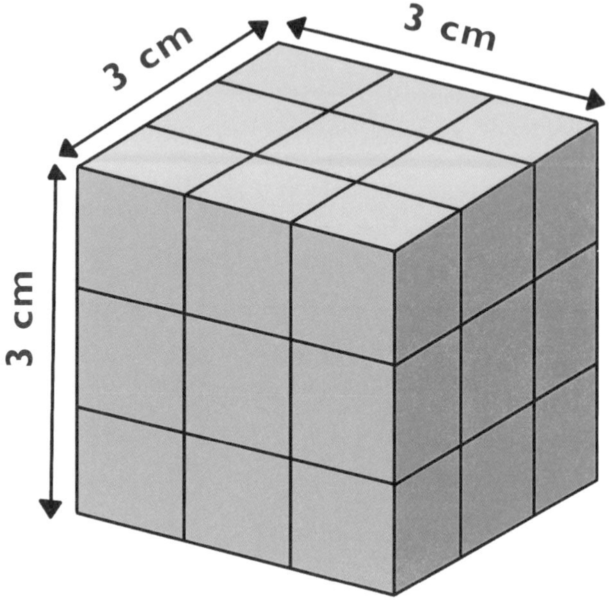

이것이 바로, 약 2,200년 전 고대 그리스의 발명가이자 과학자인 아르키메데스가 황금 왕관의 부피를 구하라는 왕의 명령을 받고 매우 고심하던 문제였어요.

전설에 의하면, 아르키메데스는 목욕을 하고 있었어요. 그가 욕조에 들어가자 물의 수위가 올라갔지요. 그것을 본 아르키메데스는 "유레카"라고 소리쳤고요. 문제는 단숨에 해결됐어요!

그는 왕관을 물속에 떨어뜨린 후 물이 얼마나 불어났는지 쟀지요!

어떻게 된 걸까요?

아르키메데스는 욕조에 들어갔을 때, 자신의 몸이 약간의 물을 '밀어냈다'는 사실을 깨달았어요.
만약 아르키메데스가 물을 가득 채운 냄비에 왕관을 담근다면, 왕관은 물의 일부를 냄비의 가장자리로 밀어 넘기겠지요. 밀려난 물의 양은 왕관 자체가 차지하는 부피와 똑같을 테고요. 이제 흘러넘친 물의 양을 측정하면 게임 끝이죠.

에스허르처럼 테셀레이션하기

네덜란드의 M.C.에스허르는 수학에서 영감을 받은 유명한 예술가예요.

그의 그림들은 모든 종류의 환상과 형태, 특히 규칙적으로 반복되는 모양을 포함하고 있어요. 이러한 모양들은 서로 맞물리거나 규칙적으로 반복되기 때문에, 공간을 정확하게 채우는 데 사용할 수 있어요.

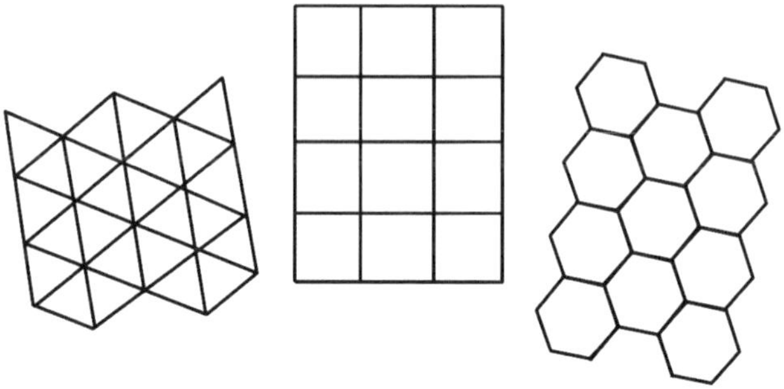

많은 단순한 모양을 규칙적으로 반복한 거예요. 방법만 안다면, 에스허르를 따라 훨씬 더 흥미로운 작품을 만들 수 있답니다.

트릭!

다음은 테셀레이션 기법을 활용해서 자기만의 멋진 타일을 디자인하는 방법이에요.

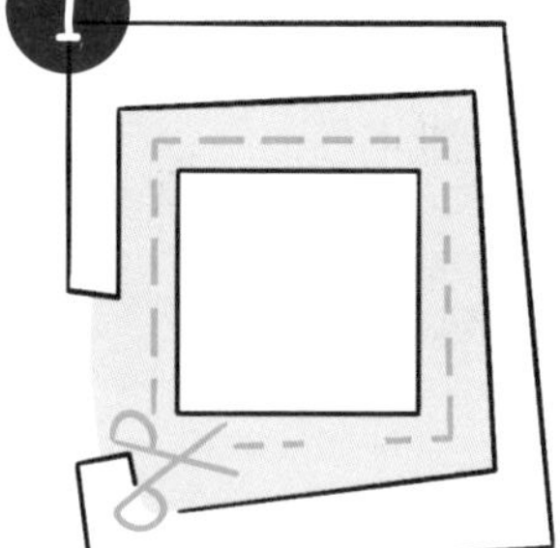

먼저, 종이 위에 정사각형이나 직사각형을 그려요. 자를 사용하여 깔끔하고 정확하게 만들어야 해요. 모눈종이가 있다면 더 편하겠죠. 타일을 만들 모양을 하나 잘라요.

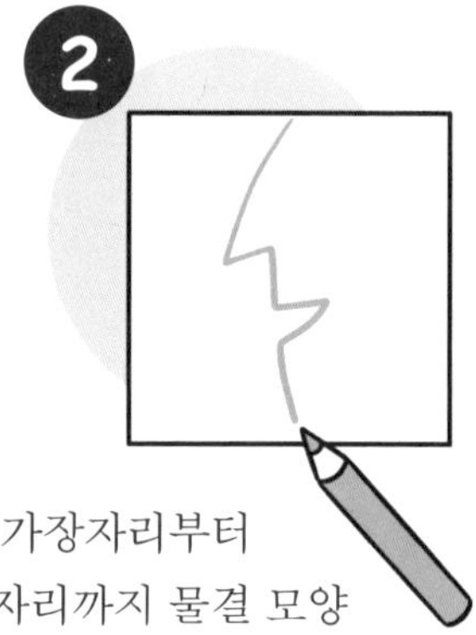

타일 상단 가장자리부터 하단 가장자리까지 물결 모양이나 지그재그 모양의 선을 그린 후 선을 따라 잘라서 두 부분으로 나누어요.

두 부분의 상하를 바꾼 다음, 그림과 같이 2개의 직선 면을 붙여요.

맞붙은 두 가장자리를 테이프로 연결해요. 그런 다음 왼쪽에서 오른쪽으로 선을 그어요.

선을 따라 자른 다음, 두 조각의 평평한 가장자리가 닿도록 해요.

완성된 모양을 테이프로 함께 붙여요. 어떤 모양이든 이런 식으로 만들면, 규칙적인 모양이 반복될 거예요!

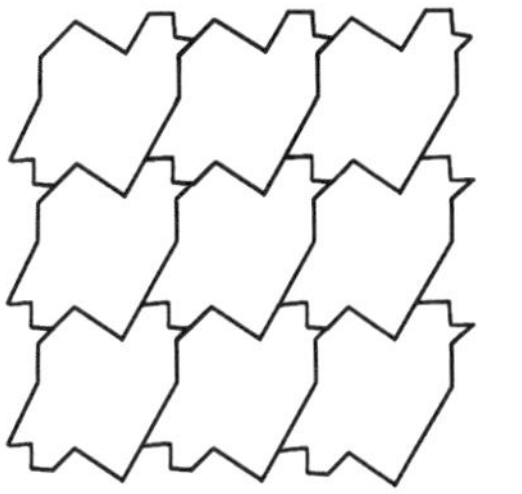

테셀레이팅 패턴은 두꺼운 종이로 테셀레이팅 모양을 만든 다음, 그림과 같이 주변을 둘러싸도록 그려요. 동물이나 글자 또는 다른 물체처럼 보이는 모양을 만들 때 이 방법을 사용할 수 있어요.

어떻게 된 걸까요?

규칙적으로 반복되려면 타일들이 정확하게 맞아야 해요. 모양대로 자른 것을 바깥쪽에 놓는 식으로 반복하면, 각 타일의 한쪽 면이 다음 타일의 다른 면에 완벽하게 들어맞을 거예요.

이것은 단지 시작에 불과해요. 테셀레이션 기법으로 훨씬 더 복잡한 작품을 만들 수 있어요! 혹시, 2개의 다른 모양을 규칙적으로 반복시켜 하나의 패턴을 이루도록 만들 수 있을까요?

프랙털 트리

프랙털은 수학적 패턴의 특별한 유형이에요.
동일한 단순 규칙을 따라 계속 추가할 수 있기에 멋진 그림 만들기 묘기가 돼요!

트릭!

쉬운 프랙털로 시작하는 게 좋아요.
먼저, 나뭇가지 2개가 달린 나무의 몸통을 그려요. 이제, 각각의 나뭇가지에 더 작은 2개의 나뭇가지를 그리고요. 그 작은 나뭇가지들에 훨씬 더 작은 나뭇가지들을 그려요. 계속하면 됩니다!

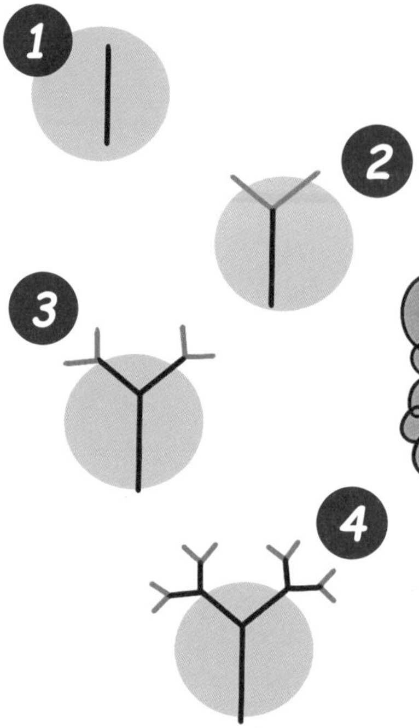

머지않아, 우리는 나무 한 그루를 가질 수 있어요! 거기에 과일, 잎, 새, 또는 다른 좋아하는 것들을 덧붙이면 됩니다.

어떻게 된 걸까요?

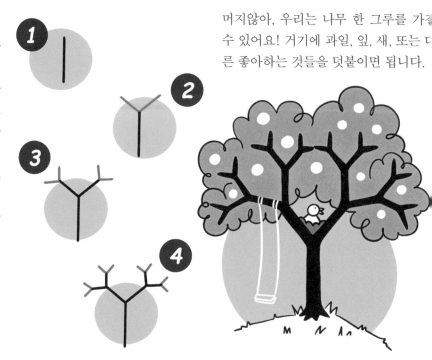

프랙털에서, 형상의 각 부분은 전체 형상과 동일한 패턴을 반복해요. 만약 공간만 있다면, 더 작은 조각들을 영원히 추가할 수 있을 거예요!
반복할 때마다 규칙을 변경할 수도 있어요. 항상 나뭇가지 3개를 추가하면 어떨까요? 연결점마다 동그라미를 그리면 어떨까요? 만들 수 있는 패턴은 끝이 없어요.

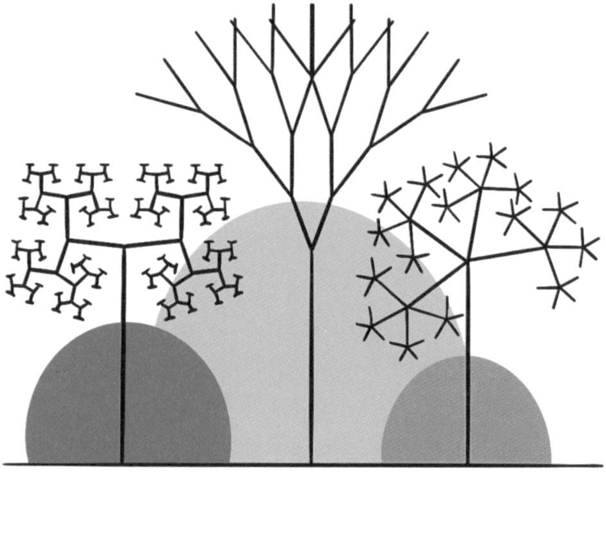

프랙털 눈송이

이것은 눈송이 같은 모양을 만드는 또 다른 유형의 프랙털이에요.

트릭!

세 변의 길이가 모두 같은 정삼각형으로 시작해요.
이 프랙털의 규칙은, 직선이 있는 곳은 모두 3등분해서 가운데 1/3 부분에 또 다른 정삼각형을 그리는 거예요.

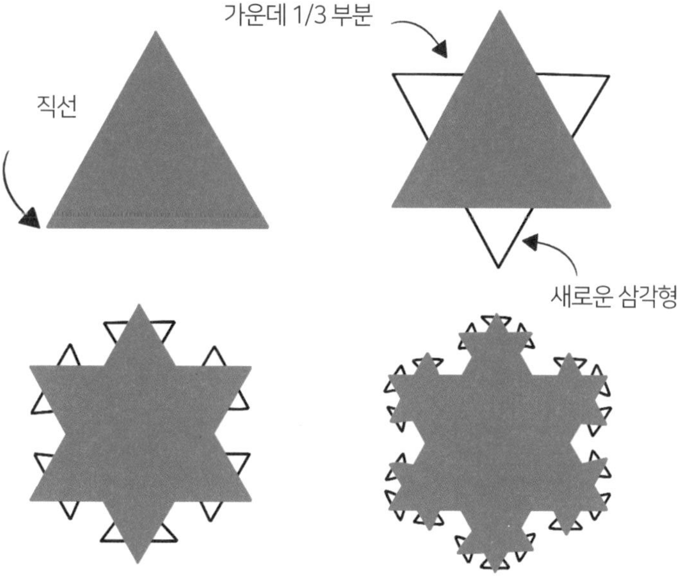

끝없는 삼각형

시에르핀스키 삼각형이라고 불리는 또 다른 프랙털이 있어요.
이것을 소나무처럼 보이고 싶다면 녹색으로 그리면 됩니다.

트릭!

다음과 같이, 위쪽을 가리키는 삼각형을 그려요.
그 안에 모양을 뒤집은 더 작은 삼각형을 그리기를 반복해요. 더 많은 삼각형이 만들어졌지요. 위쪽을 가리키는 모든 삼각형을 찾아서 그 안에 더 작은, 거꾸로 된 삼각형을 그리고, 또 그리고……. 계속 그려요!

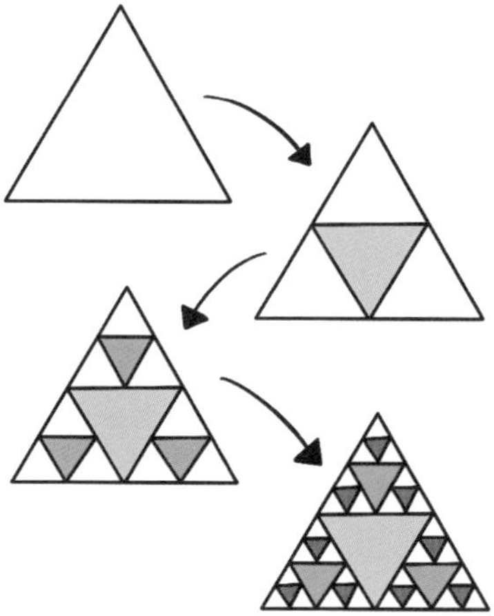

점과 박스

이것은 속임수라기보다는 게임이지만, 상대방은 깜빡 속아 넘어갈 거예요!
이 게임에는 두 사람이 있어야 해요. 다른 색깔의 펜이나 연필 그리고 약간의 모눈종이도 필요하고요.

트릭!

우선 종이 위에 사각형 모양의 점들을 마커나 펠트펜으로 그려요. 첫 번째 게임에서는 6×6개의 점으로 된 정사각형으로 시도해요. 큰 사각형으로 하겠다고 욕심내진 말아요.

모눈종이

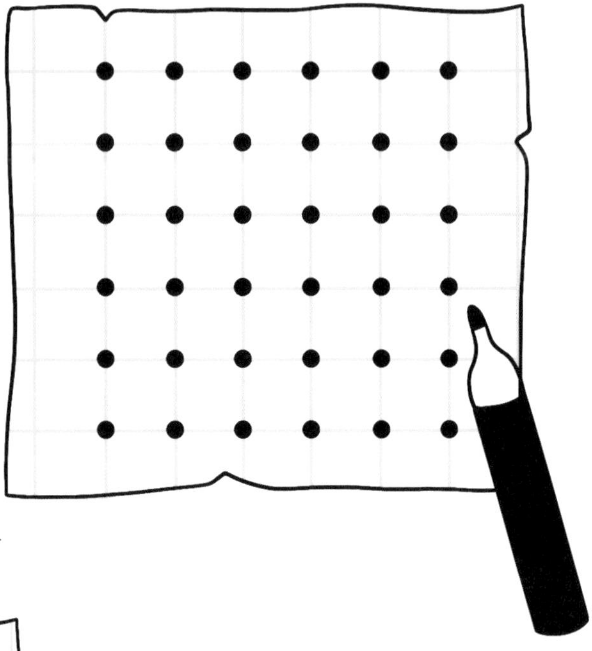

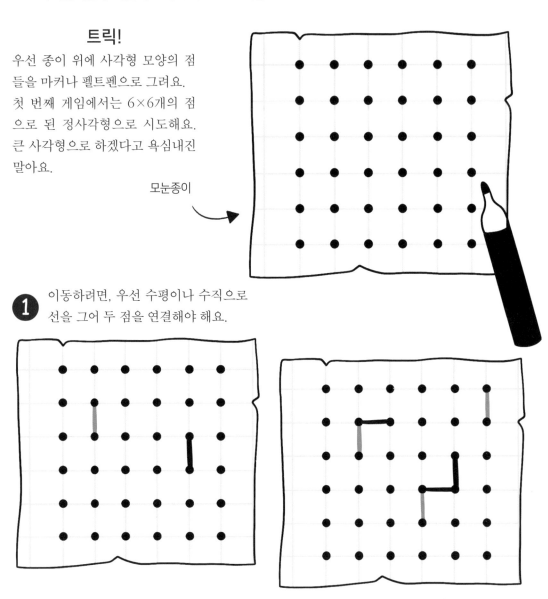

1 이동하려면, 우선 수평이나 수직으로 선을 그어 두 점을 연결해야 해요.

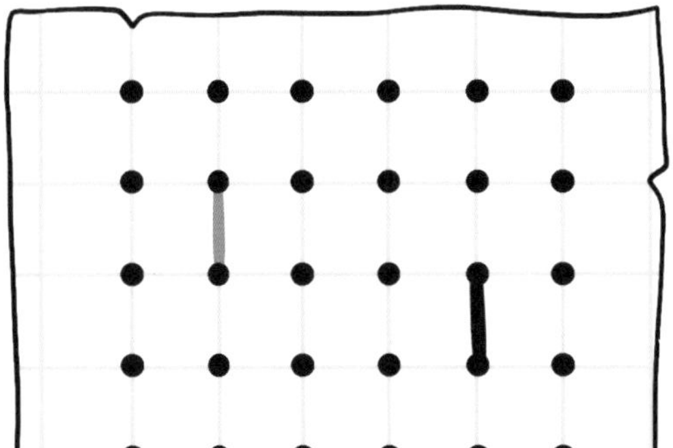

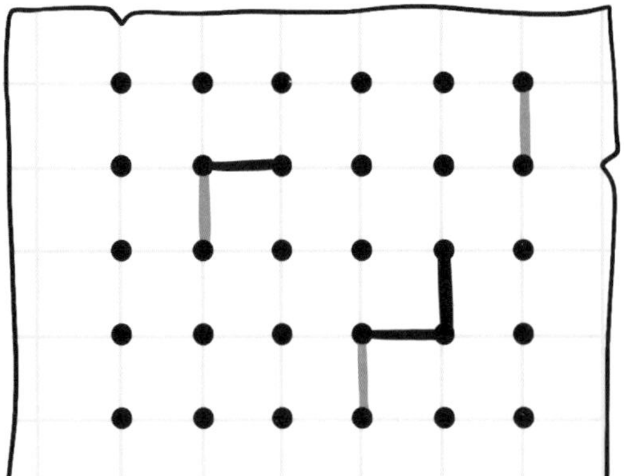

2 한 명이 먼저 시작한 다음, 교대로 해요. 각자는 아직 결합되지 않은 두 점을 연결하는 새로운 선을 추가해요.

3 네 면 중 마지막 면을 그려 모눈종이 위에 하나의 완전한 사각형을 완성하면 득점! 사각형을 완성할 때마다 박스 안을 칠하고 새롭게 시작해요!

누구도 더 이상의 선을 그을 수 없고 모든 사각형이 완성될 때까지 교대로 계속하는 거예요. 가장 많은 사각형을 가진 사람이 우승자랍니다!

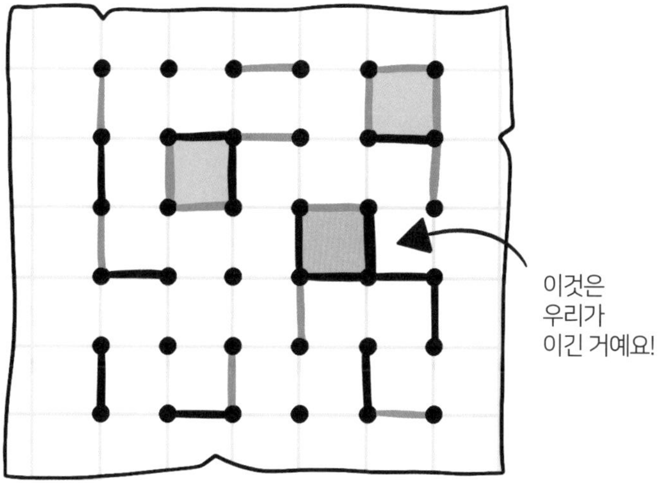

어떻게 된 걸까요?

간단한 게임인 것 같죠? 규칙도 매우 단순하고요. 하지만 이기기 위해서는 온갖 종류의 약삭빠른 방법을 찾아내야 할 거예요. 각자가 몇 차례나 남았는지 계산하기 위해 수학 문제 해결방법을 사용하고, 득점하기 위해 어떻게 해야 하는지 연구하면서 말이죠.
어떻게 경기를 해야 우리가 사각형을 완성할 기회를 얻을 수 있을까요? 상대방이 이기지 못하게 하려면 어떻게 해야 할까요?

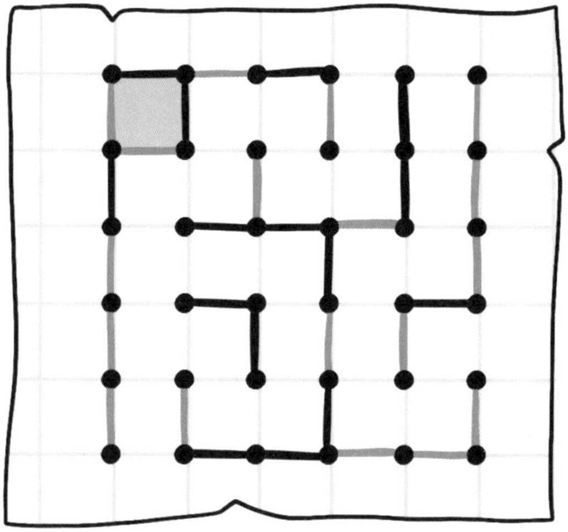

이런 식으로, 긴 '복도'를 그려서
한꺼번에 많은 사각형을 채울 수 있을까요?

다음은 무엇일까요?

이 숫자 열의 다음에는 무슨 숫자가 나올까요?

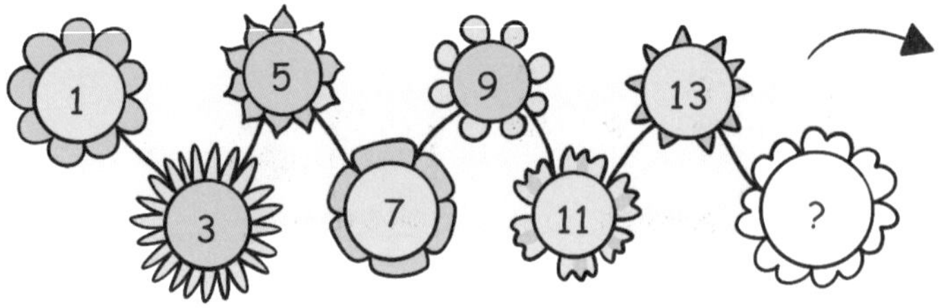

매우 간단한 문제라, 답을 유추하기가 까다롭지는 않았을 거예요. 매번 2만 더하면 되니까, 다음 숫자는 바로바로 15!

트릭!

또 다른 수열도 볼까요. 다음에 오는 숫자는 뭘까요? 친구나 가족에게도 문제를 내보아요.

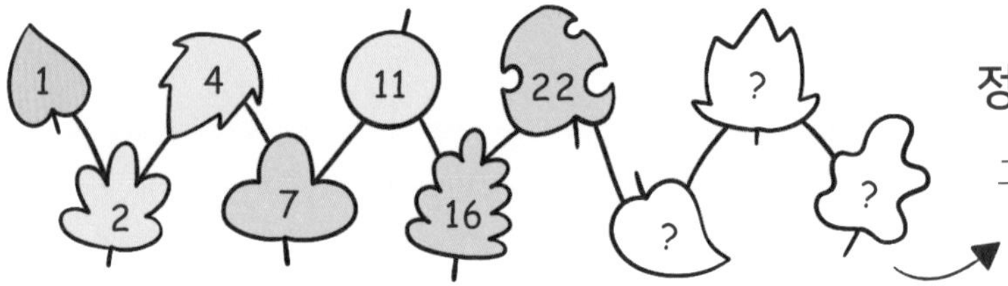

정답: 먼저 1을 더하고, 다음엔 2를 더하고, 그다음에 3을 더해요. 그럼 다음에 올 숫자들은 순서대로 29, 37, 46이랍니다.

이 수열은요?

정답: 이번 수열에서의 각 숫자는 앞의 두 숫자를 합한 거예요. 그럼 다음에 올 숫자들은 순서대로 21, 34, 55가 되죠.

어떻게 된 걸까요?

수학에는 예를 들면, 구구단 같은 많은 수열이 있어요. 각 수열마다, 간단한 규칙이 있지요. 일단 그것을 알고 나면, 다음 숫자를 예측할 수 있어요. 이 페이지의 마지막에 나온 수열은 피보나치 수열이라고 해요. 자연계에서도 자주 나타나는 수열이에요. 예를 들어, 꽃은 5, 8, 13, 21과 같은 피보나치 수열의 꽃잎 수를 가지는 경향이 있어요.

미나리아재비
5개 꽃잎

캐모마일
21개 꽃잎

클레마티스
8개 꽃잎

정사각형과 나선형

앞(23페이지)에서 나선형을 그리는 요령을 알아봤잖아요.
이번에는 피보나치 숫자들을 활용해 또 다른 종류의 나선형을 그려볼게요.

트릭!

모눈종이, 연필 그리고 자를 준비해요.

우선, 가로로 1칸의 상자를 그려요. 이것은 피보나치 수열의 1입니다.

그런 다음 옆에 정사각형을 하나 더 그려요.

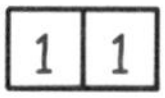

이제 그들 위에 2×2의 상자를 그려요.

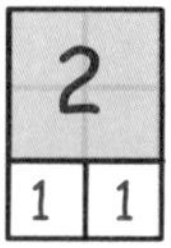

그 옆에 3×3의 상자를 그리고요.

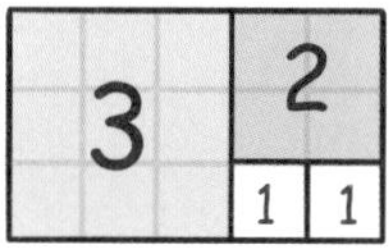

계속해서 순서에 따라 더 큰 상자를 그려요. 각각의 상자는 옆에 있는 이전 상자들과 완벽하게 일치합니다, 다음과 같이 보일 때까지 계속 그리자고요!

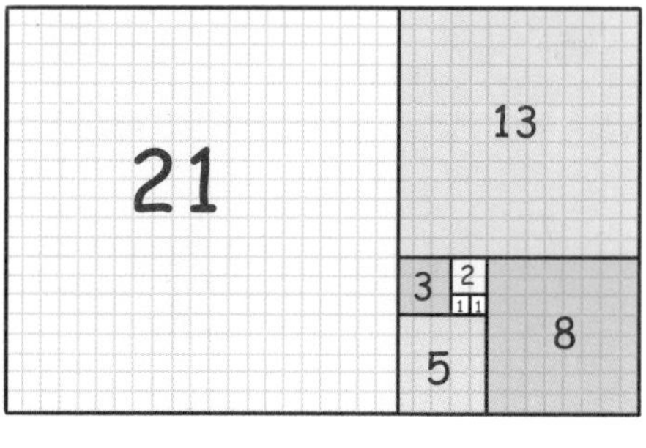

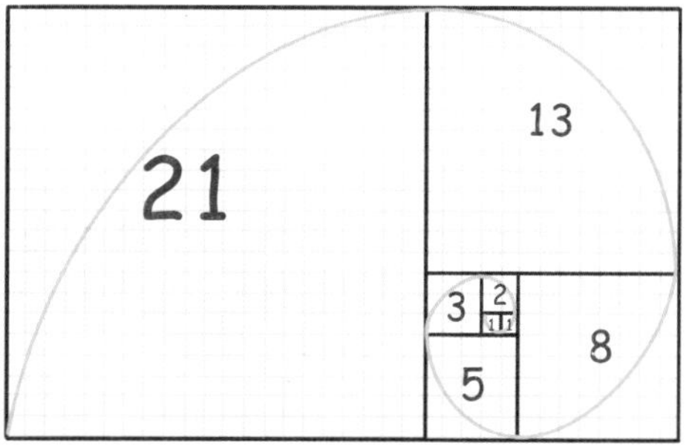

나선형을 그리려면, 상자의 모서리를 순서대로 곡선으로 연결하면 됩니다.

바로 이거예요!

이 나선형도 자연계에서 나타나요!

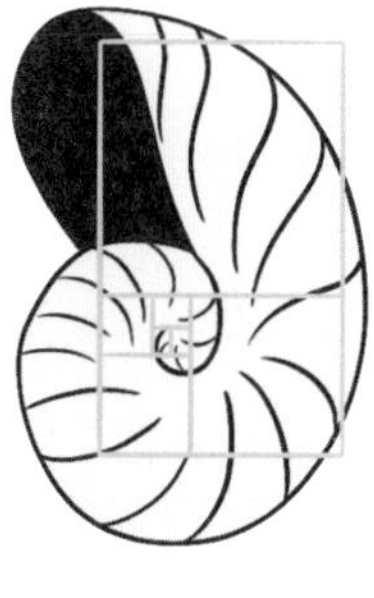

삼각형 트릭

여기 또 다른 신기한 수학적 수열이 있어요. 다음에 무슨 숫자가 올지 알아맞혀보아요.

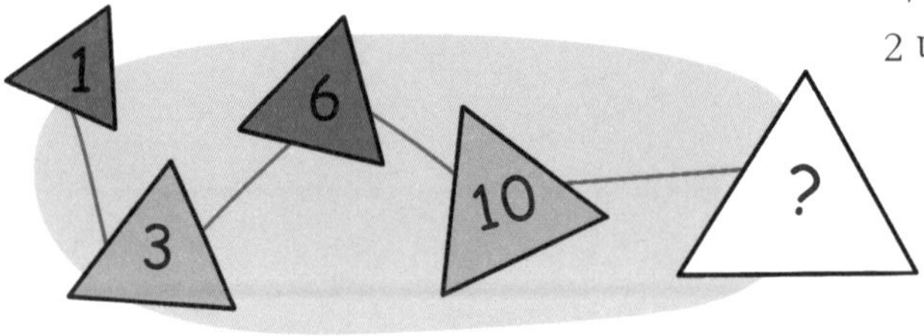

혹시 이러한 패턴을 발견했나요?

2 더하기 3 더하기 4 더하기 5 더하기

1 3 6 10 __

다음 숫자는 15예요. 그런데 이 수열에는 뭔가가 더 있어요. 단순한 숫자가 아니란 거죠. 이것은 삼각수예요.

트릭!

삼각수는 정삼각형으로 배열될 수 있는 숫자를 말해요. 이것을 시험하려면 같은 크기의 동전이나 단추 또는 모조 화폐 등이 많이 필요해요. 그것들을 테이블 상판 위에 놓고 삼각형을 만들어요!

1
3
6
10

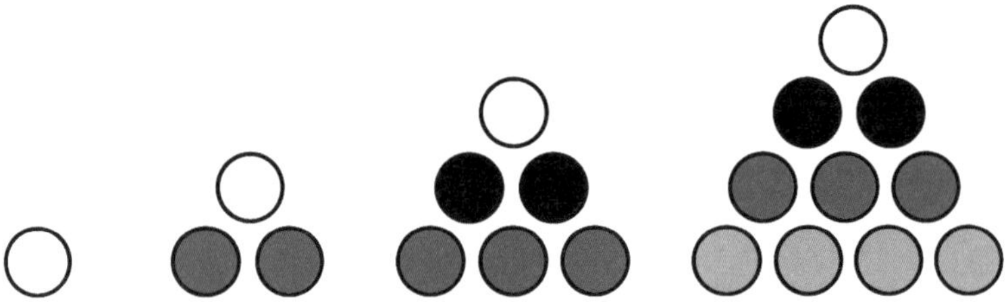

1 = 1

1 + 2 = 3

1 + 2 + 3 = 6

1 + 2 + 3 + 4 = 10

이때 만들 수 있는 가장 큰 삼각형은 무엇이고, 그것은 어떤 삼각수인가요?

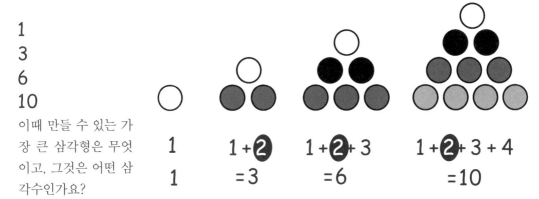

어떻게 된 걸까요?

더 큰 삼각형을 만들 때마다, 맨 아래에 동전을 한 줄 추가해야 해요. 그리고 한 줄 추가할 때마다 그 줄에는 윗줄보다 물건 하나가 항상 더 필요해요. 그래서 늘어나는 숫자들만큼 삼각수가 증가하는 거예요.

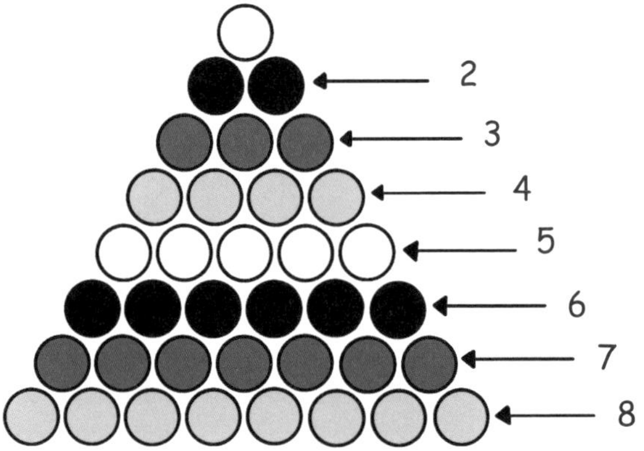

휙 뒤집기!

이제 삼각형 숫자들을 이해했을 테니, 삼각수 트릭을 보여줄게요.
친구에게 도전하라고 한 다음, 어떻게 하는지 보여줍시다!

트릭!

이 문제를 오래 고심할 수도 있지만,
사실 매우 간단해요!

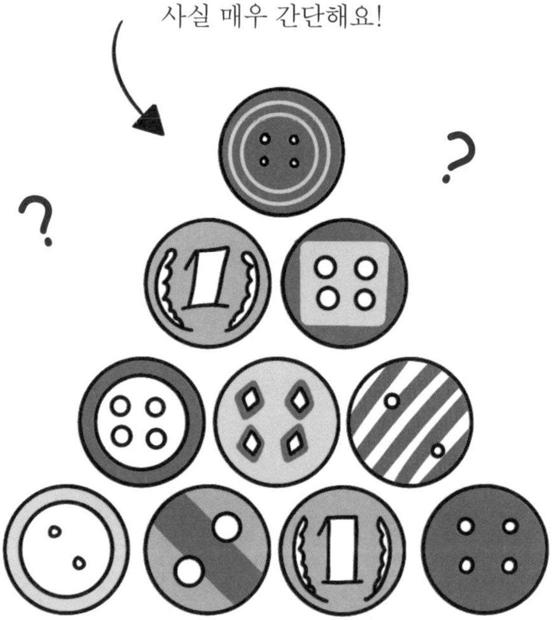

10개의 모조 화폐나 단추 등을 배열해서
다음과 같은 삼각형을 만들어요.
도전과제는 물건 3개를 움직여서
삼각형을 뒤집는 거예요.

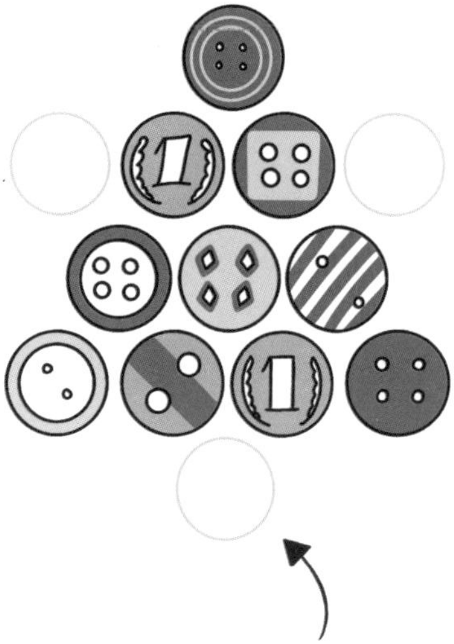

삼각형의 각 꼭지점들을
반대쪽으로 옮기면 돼요. 짜잔!

바로 이거예요!

다른 모양의 숫자들을 만들기 위해서, 단추나 모조화폐 등을 사용해서 실험해볼까요.

1 4 9 16 1 7 19 37

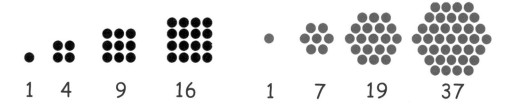

예를 들면, 사각수라든지 육각수 말이에요!

알쏭달쏭 파스칼

이 두 가지 트릭은 서로 통해요. 두 번째 트릭을 작동시키려면 첫 번째 것을 맞혀야 하거든요!
이것은 파스칼의 삼각형으로 알려진 또 다른 삼각형 퍼즐이에요.

트릭!

여기 16줄의 여러 칸으로 이루어진 삼각형이 있어요. 일부는 숫자들로 채워져 있지만, 나머지는 우리가 채워야 해요. 계산기가 필요할 거예요! 종이에 모양을 복사한 다음 숫자들을 써 넣어요.

어떻게 된 걸까요?

알아냈어요? 작동 방식을 알면 삼각형을 쉽게 완성할 수 있어요. 각 칸에 들어가는 수는 위의 두 수를 합한 값으로 만들어져요. 옆으로 치우쳐져 있어서 그 위에 숫자가 하나만 있으면 위의 수와 같은 수를 쓰면 돼요. 그래서 양쪽 끝에 있는 수는 모두 1이랍니다!
이 삼각형의 이름은 1600년대에 살았던 프랑스의 수학자 블레즈 파스칼의 이름을 딴 것이에요.

파스칼의 패턴

파스칼의 삼각형을 좀 더 자세히 보면 패턴으로 가득하다는 사실을 알 수 있을 거예요.

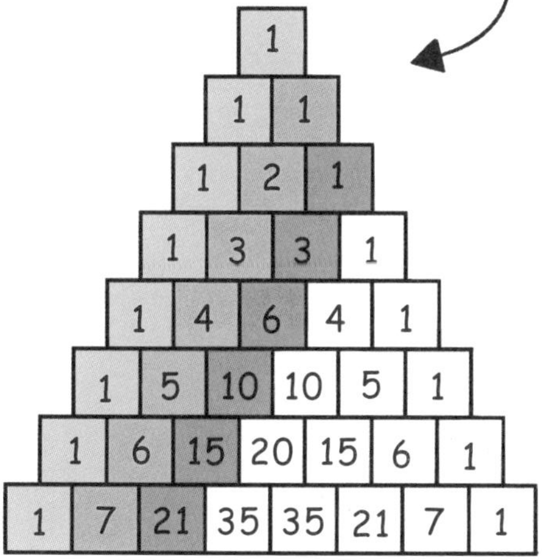

옆에서 두 번째 칸을 대각선으로 따라 내려가면, 주요 수열을 따르는 것을 볼 수 있어요.
그럼 세 번째 대각선 줄을 볼까요.
이 수열을 어디서 보았더라?
맞아요, 삼각수예요!
더 많은 패턴이 숨겨져 있어요.
한 번 찾아보아요!

따라 해요!

우리가 써 넣을 파스칼의 삼각형, 짙은 색의 마커나 펠트펜을 가져와요. 이제 홀수가 들어 있는 모든 칸에 음영을 넣기만 하면 돼요. 어떻게 되었나요?

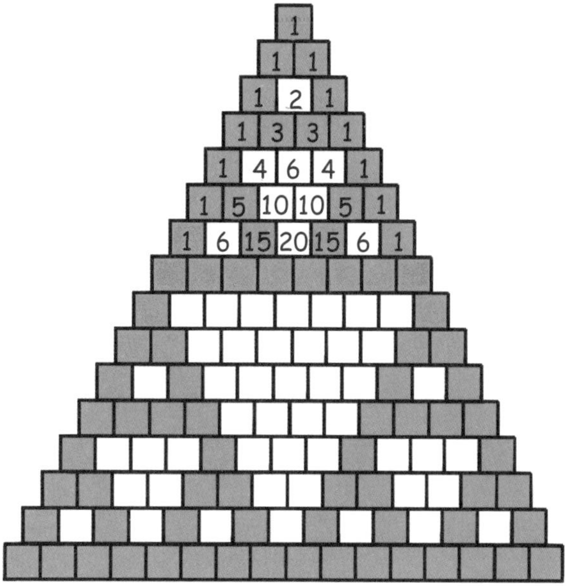

어떻게 된 걸까요?

잠깐만요, 그 패턴을 전에 어디선가 본 적이 있나요?
흠, 29페이지를 지나치지 않았다면 봤을 거예요! 시에르핀스키 삼각형 프랙털 패턴이에요 수학에서는 모든 것이 상호 연관되어 있다는 증거죠!

할아버지 안녕하세요,
그냥 잘 지내시나 궁금해서요!

카드를 골라요

대칭적인 모양은 이 나비처럼 양쪽이 완전히 똑같아요.

거울 선은 모양을 똑같이 절반으로 나눠요.

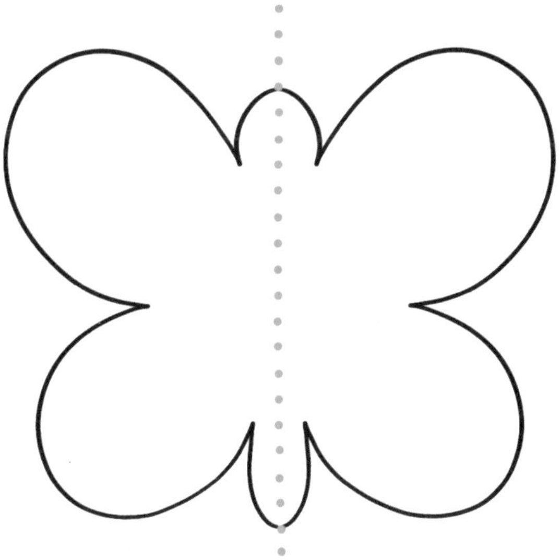

그러나 이 Z 모양은 다른 종류의 대칭인, 회전대칭을 가지고 있어요. 즉, 그것을 동일한 것처럼 보이는 다른 위치로 회전시킬 수 있다는 뜻이에요.

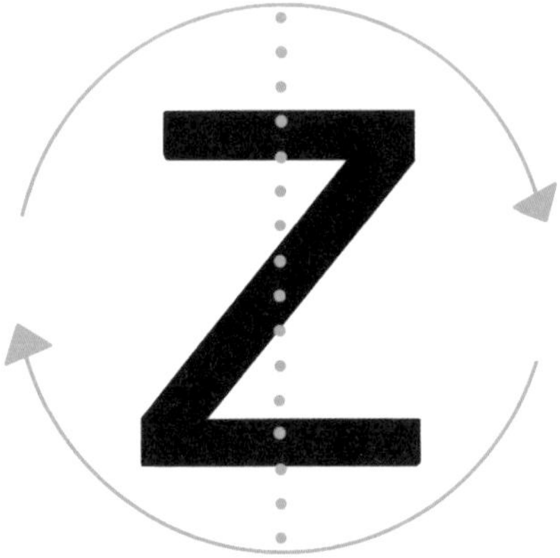

대칭은 패턴에서 무척 중요해요. 이번에는 회전대칭을 사용해 놀라운 수학적 마술을 수행해볼 거예요.

트릭!

카드 한 꾸러미를 펼쳐서 회전대칭인 카드를 찾아보아요. 예를 들어, 거의 모든 다이아몬드 카드와 마찬가지로 퀸 카드 또한 회전대칭이에요. 그것들 모두 같은 방향으로 되어 있어요!

회전대칭인 카드들은 빼고, 그렇지 않은 카드들만 추려내요. 그것들을 모두 '바른' 방향으로 배열해요. 그러니까 그렇지 않은 것보다 바른 방향으로 된 기호들이 더 많이 보이게요.

이 하트2 카드는 회전대칭이지만, 하트3 카드는 회전대칭이 아니에요.

이제 트릭을 구현해봐요! 카드의 그림이 있는 부분을 아래로 향하게 하고 패를 섞어요. 이때 카드를 반드시 같은 방식으로 유지해야 해요.

친구가 고른 카드 하나를 골라 안 보이게 가린 다음, 그것을 다시 카드 패에 섞어요. 그들이 자신들이 고른 카드를 보고 있는 동안, 카드 패를 몰래 다른 방향으로 돌리는 게 포인트예요.

그들이 고른 카드를 도로 넣고 섞은 다음, 카드를 펼쳐서 주의 깊게 살펴보아요. 거꾸로 된 게 그들이 고른 카드랍니다! 패에서 그것을 꺼내며 극적으로 외치는 거예요.
"아브라카다브라!"

어떻게 된 걸까요?

카드의 패는 어느 쪽이든 읽기 쉽도록 디자인되었어요. 그래서 우리는 대체로 카드들이 어느 쪽이든 똑같이 보이고 모두 회전대칭이 있다고 가정해요. 사실, 그중에서 많은 카드가 회전대칭이 아니지만, 대부분 알아채지 못하지요!

톱니바퀴 수수께끼

톱니바퀴 또는 기어는 가장자리 주변에 튀어나온 '톱니들'이 일정한 패턴을 이루는 바퀴예요.

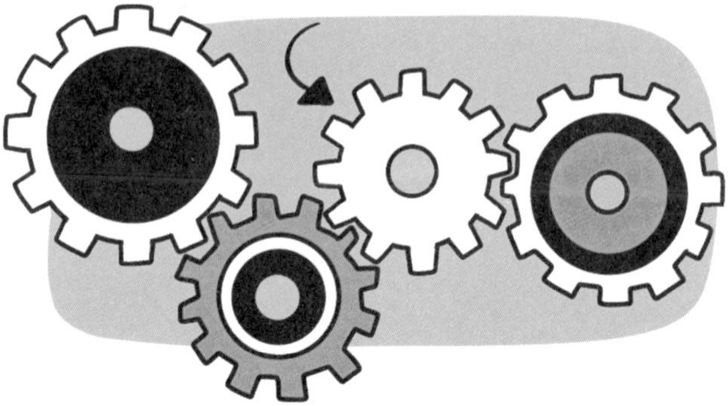

톱니들은 다른 톱니바퀴에 맞물리게 되어 있어요. 그래서 톱니바퀴 하나가 돌면 그 톱니가 주변 톱니를 밀면서 다음 톱니바퀴도 돌지요. 연속적으로 쭉쭉!

톱니바퀴는 많은 기계의 중요한 부분이고, 기술자들은 그것이 제대로 작동하는지 확인하기 위해 수학을 사용해야만 한답니다!

트릭!

다양한 시험과 실험 들이 이해하기 어려운 톱니바퀴 퍼즐을 포함하고 있어요. 이 그림에서 마지막 톱니바퀴가 어느 방향으로 회전할지 맞혀보아요.
얼마나 오래 걸리는지 직접 돌려볼래요?

첫 번째 톱니바퀴가
시계방향으로 회전하고 있어요.
마지막 톱니바퀴는
어느 쪽으로 회전할까요?
깃발이 올라갈까요,
아니면 내려갈까요?

어떤 결과가 나왔나요? 톱니바퀴의 전체 서열을 살펴봄으로써 알 수 있어요. 하지만 몇 초만에 해결할 빠른 요령이 있답니다!

어떻게 된 걸까요?

비결이 뭐냐고요? 톱니바퀴만 세면 돼요! 각각의 톱니바퀴는 앞의 톱니바퀴와 반대 방향으로 움직이죠. 따라서 첫 번째 톱니바퀴가 시계 방향으로 회전하면 두 번째 톱니바퀴는 시계반대방향(또는 반시계방향)으로 회전해야 해요 세 번째 톱니바퀴는 시계방향으로 돌고, 네 번째 톱니바퀴는 시계반대방향으로 회전하죠. 이런 식이에요.

체인의 톱니바퀴들을 모두 합해 짝수라면, 마지막 톱니바퀴가 첫 번째 톱니바퀴가 도는 방향의 반대로 회전하겠지요.
만약 톱니바퀴들이 홀수라면, 마지막 톱니바퀴는 첫 번째 톱니바퀴와 똑같은 방향으로 회전할 거예요.
정말 간단하죠!

이번 퍼즐에는 12개의 톱니바퀴가 있으니, 짝수네요. 그래서 마지막 톱니바퀴는 첫 번째 톱니바퀴와 반대 방향으로 회전해요. 시계반대방향이니까, 깃발이 올라가는군요!

기발한 암호

친구들에게 숫자를 사용해서, 풀기 어려운 암호 메시지를 보낼 때 이 종이 암호바퀴가 도움이 될 거예요!

트릭!

가로 10센티미터, 세로 8센티미터 정도의 원 2개를 종이에 그린 다음 잘라서 바퀴를 만들어요. 작은 원을 위에 놓고, 금속 서류 죔쇠를 사용하여 가운데를 고정해요.

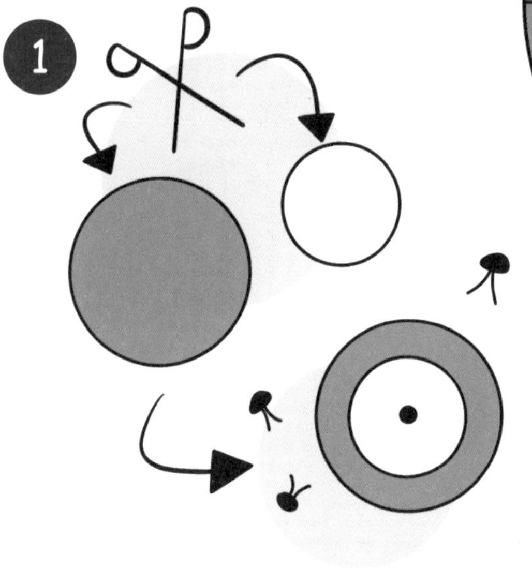

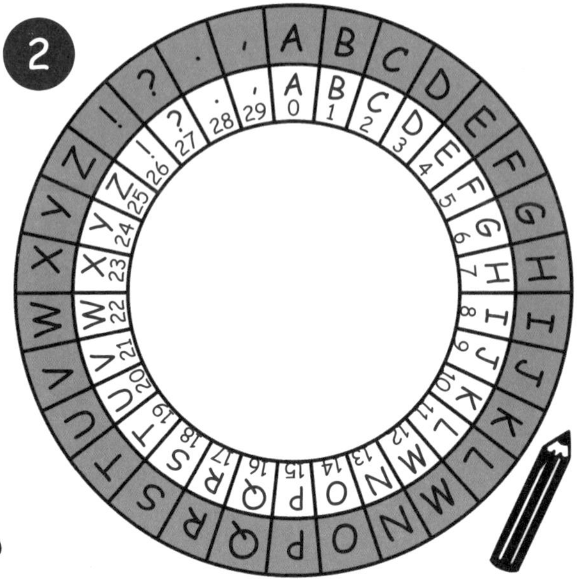

자와 연필로 위와 같이 각 원의 가장자리 주위에 30개의 같은 칸을 그려요. 책에 있는 바퀴를 그대로 베껴도 돼요. 바깥쪽 바퀴에는 알파벳 문자와 구두점, 안쪽 바퀴에는 알파벳 문자와 구두점 그리고 숫자 0~29를 써 넣고요.

암호를 만들려면, 바퀴에서 하나의 숫자를 선택해서 암호 키로 삼아요. 안쪽 바퀴를 돌려서 바깥쪽 바퀴에 있는 A와 우리가 선택한 숫자가 일직선이 되도록 맞추어요.

예를 들어. 우리가 19를 선택했으면 안쪽 바퀴의 19와 바깥쪽 바퀴의 A가 일직선이 되도록 맞추면 돼요.

바퀴를 이 위치로 유지한 채, 메시지를 암호화하는 데 사용해요. 메시지의 각 문자를 바깥쪽 바퀴에서 찾아, 그 아래에 있는 문자를 대신 사용하면 돼요. 즉, A는 T가 되고 B는 U가 되는 식이에요.
그래서 여컨대 'The Bat Flies Tonight(박쥐는 오늘 밤 날아간다)'이라는 말은 다음과 같이 암호화된 메시지가 돼요.
'MAX UTM YEBXL MHGBZAM'

메시지를 읽으려면, 상대방은 그들의 암호바퀴와 우리가 사용한 암호 키에 대한 정보가 있어야겠죠.

어떻게 된 걸까요?

메시지를 암호화하고 싶을 때마다, 다른 암호 키를 선택할 수 있으므로 매번 암호를 다르게 만들 수 있어요!
암호는 문자와 단어의 패턴을 연구함으로써 추측될 수 있어요. 그렇지만 매번 코드를 바꾸면 암호를 추측하기가 훨씬 더 어려워지죠.

0과 1

이진법은 컴퓨터가 정보를 저장하는 데 사용하는 숫자 시스템이에요.
이진법은 숫자, 문자, 그림 그리고 여러 다른 정보를 0과 1의 패턴으로 기록할 수 있어요.

이진법은 어떻게 작동할까요?

우리는 일반적으로 0, 1, 2, 3, 4, 5, 6, 7, 9라는 기호가 포함된 시스템인 십진법을 사용해서 계산을 해요. 자릿수를 이용해서 9보다 높은 수를 셀 수 있어요. 각 자릿수는 오른쪽의 자릿수보다 10배 더 큰 숫자를 나타내요.

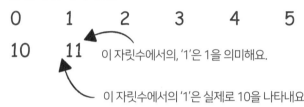

0 1 2 3 4 5 6 7 8 9

10 11

이 자릿수에서의, '1'은 1을 의미해요.

이 자릿수에서의 '1'은 실제로 10을 나타내요.

십진법	이진법
1	1
2	10
3	11
4	100
5	101
6	110
7	111
8	1000

이진법에는 0과 1의 두 가지 기호만 있어요.
각 자릿수는 오른쪽 자릿수보다 두 배 큰 숫자를 나타내요.

어떻게 된 걸까요?

이진법에서 1000, 100, 10, 1은 8, 4, 2, 1과 동일해요.
예를 들어 15는 1111로 나타낼 수 있어요. 그러니까

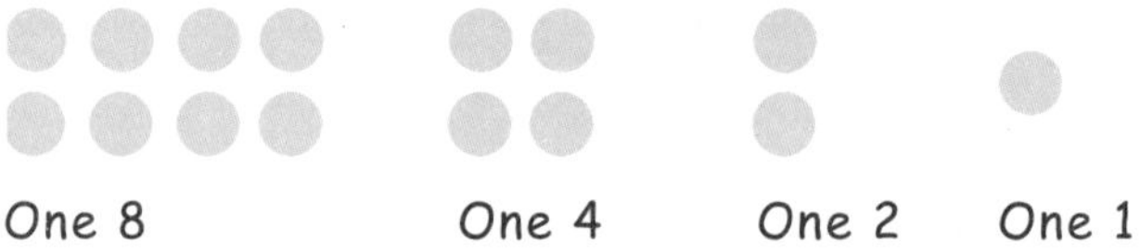

그럼, 우리 나이를 이진법으로 바꿔서 나타내볼까요?

이진코드

0과 1의 크고 긴 문자열이 어떻게 암호 메시지를 포함할 수 있을까요? 자세히 알아보아요!

트릭!

모눈종이, 펜이나 연필, 자를 준비해요. 우선, 20×20 칸을 그려요. 그림과 같이 칸에 음영 처리를 하여 그림 메시지를 그려요. 단순한 그림으로요!

상단 왼쪽부터 시작해서, 각 행을 따라 차례로 각각의 빈 칸에 0을 넣고, 음영 처리된 칸에는 1을 넣어요.

그런 다음, 각 칸에 나타난 순서대로 0과 1의 목록을 다른 종이에 옮겨 써요.

이제 우리에겐 완전히 무작위로 보이는 긴 목록이 생겼어요! 이런 식으로 보일 수도 있겠네요.

00000000000000000000000000000000000000000000110110110111000000111110100100010000001
010101101100100000 ...

어떻게 된 걸까요?

메시지를 해독하려면, 상대방은 우리가 사용한 용지의 크기만 알면 돼요. 그들이 우리의 0과 1 목록을 받아서 20×20 칸에 복사하는 거예요. 1이 표시된 칸에 음영 처리를 하면 그림 메시지가 나타나겠죠!

사라진 돈

이 유명한 수학 수수께끼의 다양한 버전이 오랫동안 사람들의 마음을 혼란스럽게 해왔어요!
이야기를 읽고 수수께끼의 비밀을 밝혀내보아요. 친구들과도 함께 풀어보아요.

트릭!

세 친구가 텐트 하나를 함께 쓰기로 하고는 옐로스톤 공원으로 캠핑을 갔어요. 주인은 그들에게 하룻밤 묵는 비용으로 30달러를 청구했어요. 친구들은 각각 10달러씩 지불했지요. 나중에, 주인은 숙박료가 25달러라는 것을 알고는 친구들에게 5달러를 돌려주라며 조수를 보냈어요.

그런데 5달러를 돌려받은 친구들은 지폐를 똑같이 나눌 수 없다는 사실을 깨달아요. 그래서 친구들은 각각 1달러씩 갖고 나머지 두 장은 조수에게 팁으로 줘요. 결국 친구들은 각각 9달러씩 지불한 셈이 되었어요. 각자 10달러를 내고 1달러를 돌려받았으니까요.
그럼 총 지불 금액은 27달러군요. 그리고 조수에게 2달러를 주었으니 총 29달러를 쓴 셈이에요. 그렇다면 나머지 1달러는 어디로 간 거죠?

어떻게 된 걸까요?

당황했나요? 완전 교활한 속임수죠? 이 셈이 말도 안되는 이유는 엉뚱한 것들을 서로 더하려고 했기 때문이에요.

친구들이 지불한 총 27달러에 팁 2달러라뇨! 생각해봐요, 친구들이 3달러를 돌려받았다면, 27달러는 캠핑장 관계자들에게 간 게 틀림없겠죠. 주인에게 25달러, 그리고 조수에게 2달러를 줬으니까요.

결국 조수에게 간 2달러는 친구들이 지불한 27달러에 추가되면 안 돼요. 그것은 이미 캠핑장 관계자들이 가진 27달러에 속한 부분이니까요! 그 대신, 27달러는 거스름돈 3달러에 더해져서 총 30달러가 되어야 해요.

바로 이거예요!

만약 수업에서나 실생활에서 이와 같은 황당한 문제에 봉착한다면, 모든 숫자가 '속한 위치'를 찾아야 해요. 각 금액이 어디로 귀결되었는지를 따져야죠.

25달러는 주인에게
2달러는 조수에게
3달러는 친구들에게
돌아갔네요.

무한대 호텔

수학에서 가장 희한한 아이디어 중 하나가, 영원히 계속된다는 의미를 가진 무한대예요.
지금 생각할 수 있는 가장 큰 숫자가 무엇이든, 거기에 항상 1을 더할 수 있어요!

트릭!

당신은 방금 넘버로폴리스에 도착했고, 머무를 곳이 필요해요. 그런데 모든 호텔이 손님으로 다 찬 거예요. 그러자 친구인 폴리곤 교수가 무한대 호텔을 이용하라고 말해요.

영리한 수학자들은 이러한 기호를 사용해서 '무한대'를 나타내요. 하나로 이어진 고리라서, 영원히 계속되거든요!

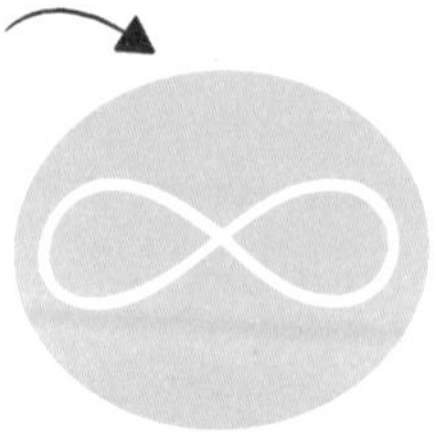

이제 이 퍼즐을 풀어보아요. 무한대 호텔은 무한한 수의 방을 가지고 있어요. 그러나 무한한 수의 손님을 받았기 때문에 꽉 찼어요. 하지만 호텔 매니저는 당신이 방을 가질 수 있어서 행운이라고 말하네요! 그는 어떻게 방을 마련할까요?

어떻게 된 걸까요?

빈 방은 하나도 없어요. 하지만 매니저는 무한대의 방을 가지고 있기 때문에 모두를 위로 옮기도록 할 수 있어요. 그는 1번방의 손님을 2번방으로, 2번방의 손님을 3번방으로, 이런 식으로 무한대로 이동하라고 요청해요. 이제 당신은 방 하나를 가질 수 있게 되었어요!

아킬레스와 거북이

무한대에 관련된, 머리를 혼란스럽게 만드는 또 다른 수수께끼가 있어요.

트릭!

어느 날, 거북이 고대 그리스의 영웅인 아킬레스에게 달리기 시합을 청했어요. 단, 자신이 유리한 위치에서 출발하는 것이 조건이었죠. 그래서 아킬레스는 거북이 10보 앞에서 출발하는 것에 동의했어요.

하지만 아킬레스가 거북이 출발한 곳에 다다랐을 때, 거북은 앞서 있었어요. 그리고 그가 그 지점에 다다랐을 때, 거북은 다시 앞서 나갔어요! 실제로 거리가 점점 더 짧아지긴 했지만, 아킬레스는 거북을 결코 따라잡을 수 없었어요!

어떻게 된 걸까요?

이것은 아킬레스가 결코 거북을 잡을 수 없다는 것을 증명하는 것처럼 보여요. 하지만 우리는 그가 따라잡을 수 있다는 사실을 알죠! 주자들은 항상 서로를 추월하니까요. 그렇다면 뭐가 문제일까요?

아킬레스는 거북을 잡으려고 무한한 노력을 할 수 있어요. 그래서 거리는 매번 더 짧아져요. 거리가 무한정 짧아지고 아킬레스는 무한정 느려지죠.

하지만 무한정 짧아지는 공간과 시간은 현실 세계에는 존재할 수 없어요. 그냥 아이디어일 뿐이죠. 그리고 아킬레스는 실제로 속도를 늦추지 않을 거예요. 우리는 주어진 시간 내에 주행하는 거리를 기준으로 속도를 측정해요. 그런 식으로 본다면, 아킬레스가 이기겠지요!

뫼비우스의 놀라운 신비

종이 한 장에는 몇 개의 면이 있나요? 둘이라고요? 자, 이 멋진 기술은 한 면만 있는 종이를 만들어요. 그저 큰 종이 한 장, 가위, 풀이나 테이프 그리고 연필만으로요.

트릭!

종이를 길이 20센티미터, 폭 3센티미터 정도로 잘라요.

종이 띠로 고리를 만들어서 양끝이 앞으로 오게 잡아요. 한쪽 끝을 뒤집어서 반쯤 비틀어요.

양끝을 테이프나 풀로 붙여요. 이것이 뫼비우스의 띠예요. 한 번 꼬인 고리죠.

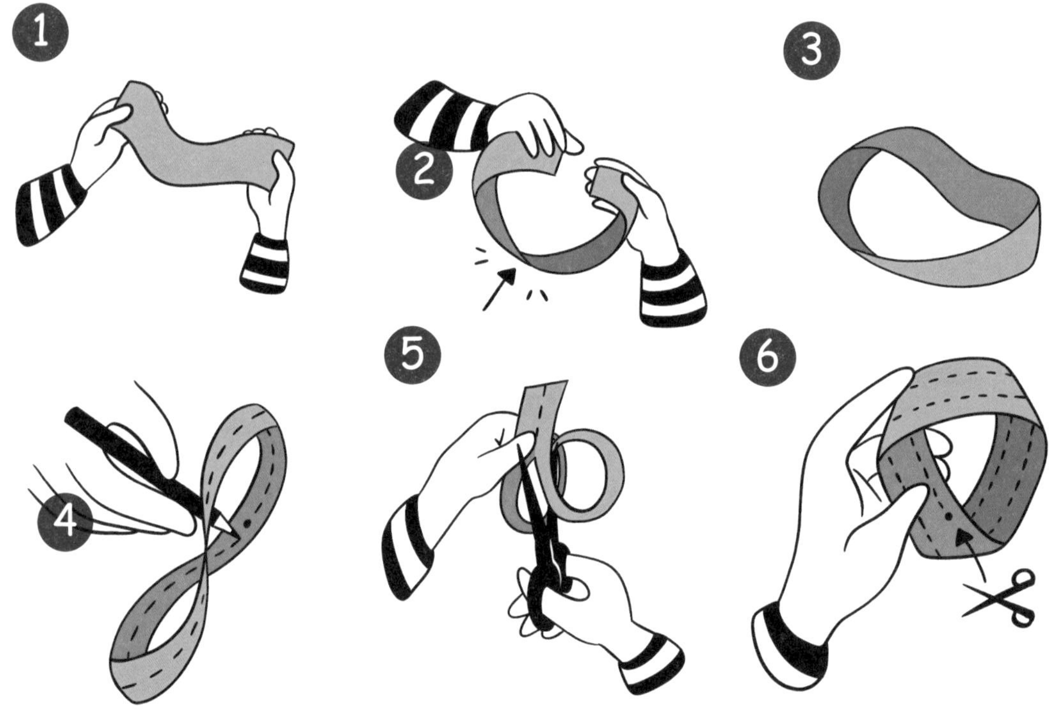

뫼비우스의 띠가 이상해 보이진 않나요? 사실은 이상한 띠예요. 믿을 수 없다고요? 시작점으로 돌아갈 때까지 띠 중앙을 따라 선을 그려요. 양쪽 면에 다 그렸군요! 아니, 한 면에만 그린 건가요. 한쪽 면만 있으니까요!

그다음, 방금 그린 선을 따라 시작 위치로 돌아갈 때까지 조심스럽게 잘라요. 띠를 반으로 자르고 있는 거, 맞아요? 틀렸어요! 여전히 띠가 하나뿐이잖아요!

뫼비우스의 띠를 둘로 자르기 위해서 띠를 새로 만들어요. 가로 방향으로 1/3 지점에 표시하고 그 지점에서 시작해서 가로 방향의 1/3 정도 거리를 유지하면서 띠를 따라 선을 그려요. 이제 그 선대로 잘라요. 짜잔!

어떻게 된 걸까요?

뫼비우스의 띠는 기이하고 멋진 수학을 포함해요. 띠의 한쪽 끝을 뒤집어 양끝을 접합하면 경계가 하나만 있는 연속적인 단일 표면이 만들어져요. 띠의 가운데를 따라 절단하면, 네 번 꼬인 하나의 띠가 돼요. 그러니까 띠의 두 번째 경계가 생겨나는 거예요.

두 번째 실험에서는 무언가 다르게 하고 있어요. 띠를 3등분하여 평행을 유지하고 자르면 2개의 띠로 분리되어요. 하나는 처음과 동일한 길이의 뫼비우스의 띠가 되고, 다른 하나는 2배로 긴, 2번 꼬인 띠가 되죠.

뫼비우스 하트

이제 뫼비우스의 띠 2개로 하는 트릭이에요!
밸런타인 데이를 즐기려는 숫자를 사랑하는 이들에게 알맞은 묘기죠.

트릭!

먼저, 뫼비우스의 띠 2개를 만들어요. 각각 20센티미터 길이, 2~3센티미터 넓이로 자른 종이를 둥글게 말아서 한쪽 끝을 뒤집어서 반쯤 꼬이게 한 다음, 양끝을 테이프로 붙여 고리를 만들어요.

2개의 고리를 직각으로 양끝을 맞대 테이프로 붙이고 뾰족한 가위로 1의 띠 가운데 안쪽을 잘라, 세로로 잘라요. 시작했던 지점으로 돌아올 때까지 계속 계속.

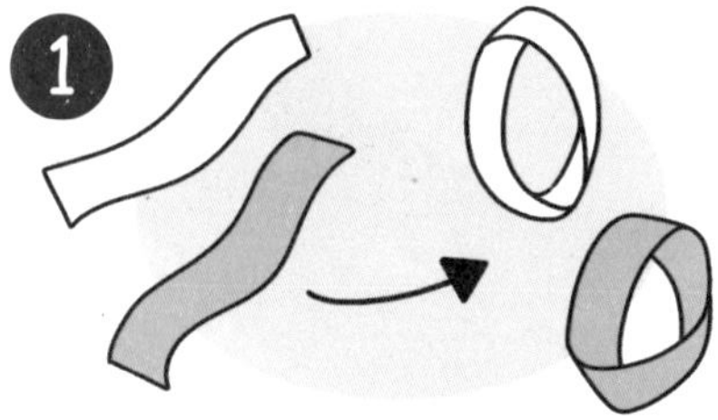

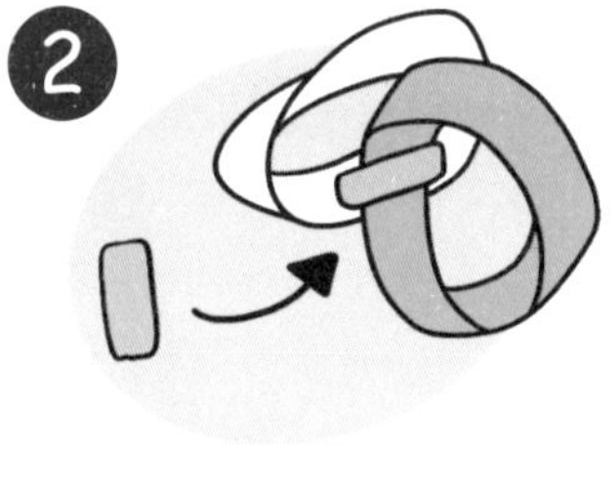

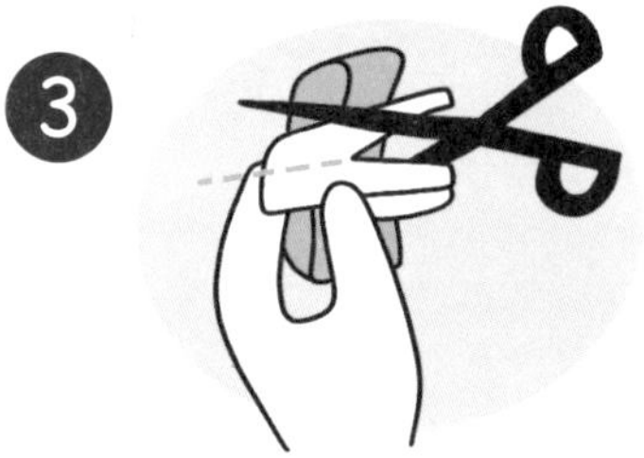

띠는 서로 연결된 2개의 하트로 분리될 거예요!

어떻게 된 걸까요?

50-51페이지에서 봤듯이, 뫼비우스의 띠를 절반 지점에서 세로로 자르면 하나의 큰 고리가 생겨요. 그것은 뫼비우스의 띠가 오직 하나의 경계만을 가지기 때문이죠.
그러나 2개의 뫼비우스의 띠는 2개의 경계를 갖고 있어요. 그들을 함께 붙인 다음 자르면, 2개의 분리된 물체를 얻을 수 있어요. 1번 꼬았기 때문에 하트 모양이 형성돼요!

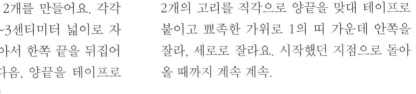

샘의 양말 서랍장

훌륭한 수학자인 샘은 유독 양말 서랍을 깔끔하게 정리하는 데는 서툴러요.
그가 양말의 짝을 찾도록 우리가 도와주기로 해요.

트릭!

샘의 양말 서랍에는 흰색 양말 4개, 분홍색 양말 5개, 주황색 양말 8개, 검은색 양말 12개가 들어 있어요. 샘은 양말의 짝을 맞추고 싶지만, 너무 어두워요. 그가 양말의 짝을 맞추려면 한 번에 몇 개의 양말을 꺼내야 할까요?
이러한 질문을 받으면 대부분의 사람들은 당황하면서, 대부분 너무 높은 숫자를 말해요.
정답은 사실… 5랍니다!

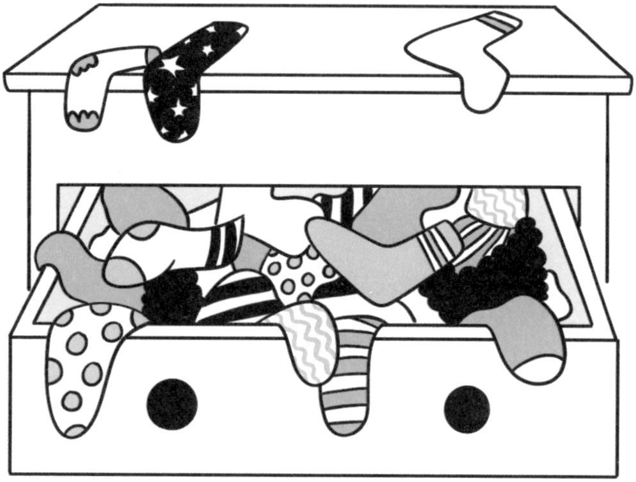

어떻게 된 걸까요?

샘이 어둠 속에서 양말 4개를 꺼냈다고 상상해 봐요. 흰색, 분홍색, 주황색, 검은색이 나올 수도 있어서, 짝이 1개도 맞지 않을 수 있어요.

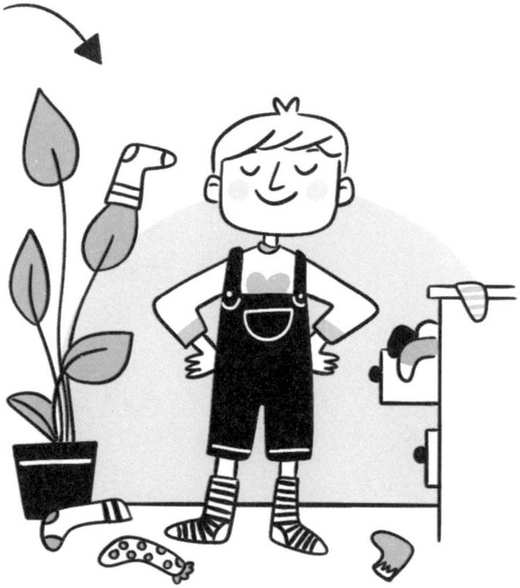

하지만 1개만 더 꺼내면, 꺼낸 것들 중 하나와 일치할 거예요!

감자의 퍼센트 문제

자신이 똑똑하다고 생각하는 모든 사람에게 이 문제를 내봐요!
얼마나 많은 사람이 문제를 쉽게 생각해서 순식간에 답을 하는지 보자구요! 물론, 틀린 답이죠.

트릭!

농부인 팔머는 자신의 밭에서 갓 딴 100킬로그램의 감자가 든 자루를 가지고 있어요. 감자는 많은 채소처럼 대부분 물이에요. 사실, 거의 99퍼센트가 물이죠.

쉽게, 이것을 100파운드의 감자로 생각해도 좋아요. 단위는 중요하지 않아요.

농부인 팔머가 감자 자루를 며칠 동안 헛간에 놓아두면, 감자들은 마르기 시작해요. 얼마 후, 감자들은 겨우 98퍼센트의 물을 포함하고 있어요.

이제, 감자들의 무게는 얼마나 될까요?
만약 99킬로그램 정도라고 답했다면, 우리나 다른 사람이나 그 생각에 다를 바가 없겠네요!
하지만 틀렸어요.
정답은 50킬로그램이죠.

어떻게 된 걸까요?

이 퍼즐은 사람들의 실수를 유도해요. 사람들은 실수를 저지르게 마련이니까요. 99퍼센트의 물이 98퍼센트의 물이 되었다고 하면, 1킬로그램의 물이 사라졌다고 생각하기 때문에 무게가 1킬로그램 줄었다고 생각해요. 사실은 그렇지 않지요.
처음에, 감자는 99퍼센트의 물로 99킬로그램의 무게가 나가요. 나머지는 1퍼센트의 물이 아닌 물질로 1킬로그램이죠.
나중에, 감자는 98퍼센트가 물이 돼요. 물이 아닌 물질은 총 중량의 2퍼센트여야 하지만 그들은 여전히 무게가 1킬로그램밖에 나가지 않지요.
2퍼센트는 1/50과 같고, 1킬로그램은 99킬로그램이 아니라 50킬로그램의 1/50이죠!

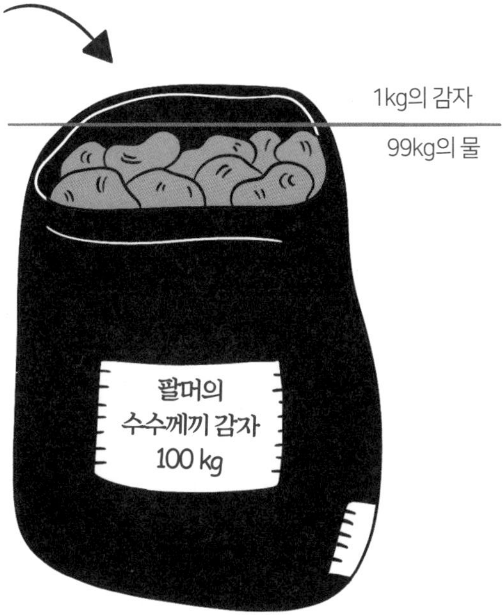

불가능한 종이

친구들에게 불가능한 종이를 갖고 있다고 말하면, 아마 그것을 몹시 보고 싶어 할 거예요!

트릭!

1

평범한 종이 한 장을 길게 반으로 접은 후 다시 펼쳐요.

2

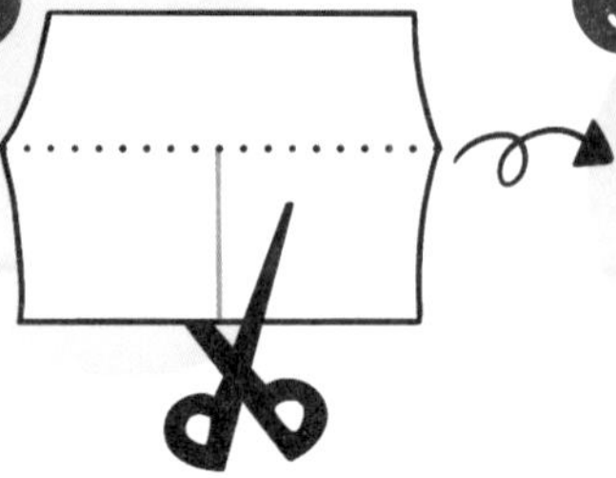

한쪽 면을 우리 몸 쪽으로 향하게 한 다음, 가운데를 접힌 부분까지 잘라요.

3

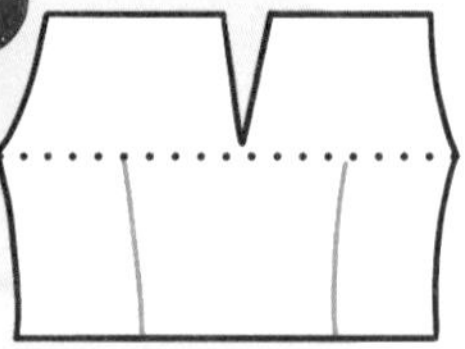

종이를 돌려서 반대쪽 가장자리가 우리 가슴 쪽을 향하게 해요.

4

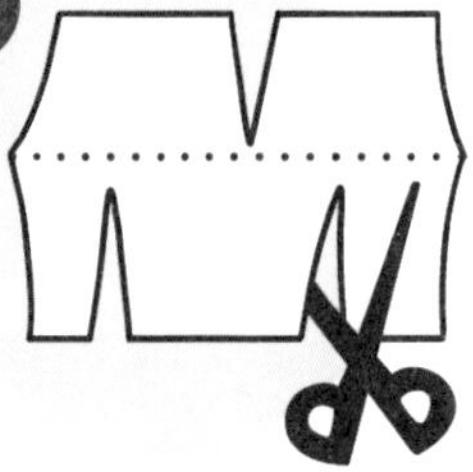

그림과 같이, 접힌 부분까지 2개의 절단 선을 만들어요.

5

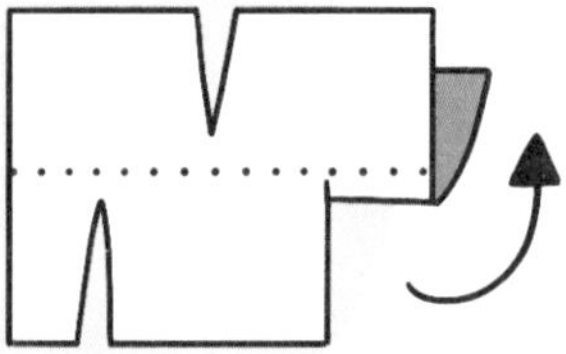

이제 종이의 오른쪽 끝을 잡고 뒤쪽으로 접어 가슴 쪽으로 넘기고, 앞에 있던 면은 우리 쪽에서 멀어져 뒤쪽으로 가도록 해, 앞면과 뒷면이 서로 바뀌도록 해요.

6

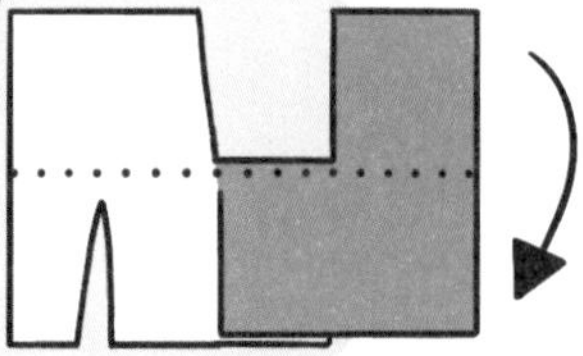

가운데 부분을 잡아, 밀착시켜 위로 접어요.

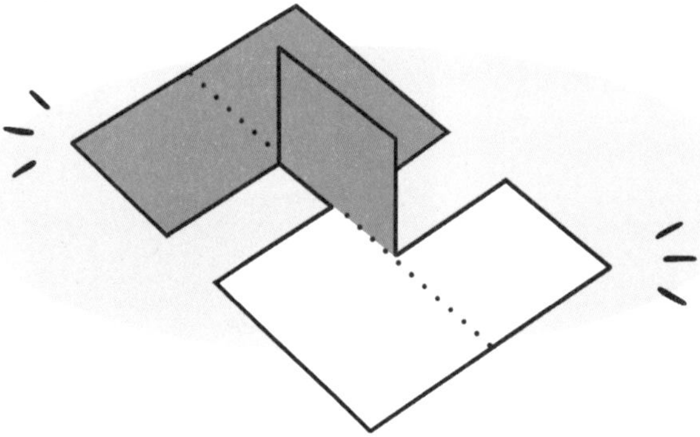

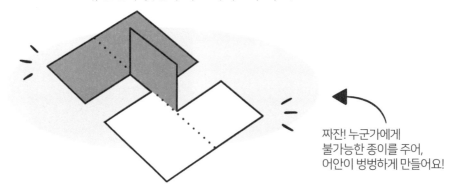

짜잔! 누군가에게
불가능한 종이를 주어,
어안이 벙벙하게 만들어요!

종이 한 장의 안과 밖을 뒤집어요!

종이로 불가능한 일들을 하는 동안, 종이 한 장의 안팎을 뒤집어볼까요?

트릭!

종이는 한 장이면 준비 끝. 길게 반으로 접은 다음 펼쳐서, 양 끝을 가운데 부분으로 오도록 접어요. 그것을 다시 펼친 후, 다른 방향으로도 똑같은 방식으로 접어요. 접힌 부분들은 종이 가운데에 상자 모양으로 나타날 거예요. 자와 펜을 사용해서 상자에 십자가를 그리고, 십자가의 양쪽 선을 따라 잘라요. 이제 종이의 양끝을 뒤로 접은 다음, 양옆을 접어요. 삼각형 모양의 플랩도 열었다가 다시 접고요. 직사각형 플랩을 펼쳐요. 우린 방금 종이의 안팎을 뒤집은 거예요!

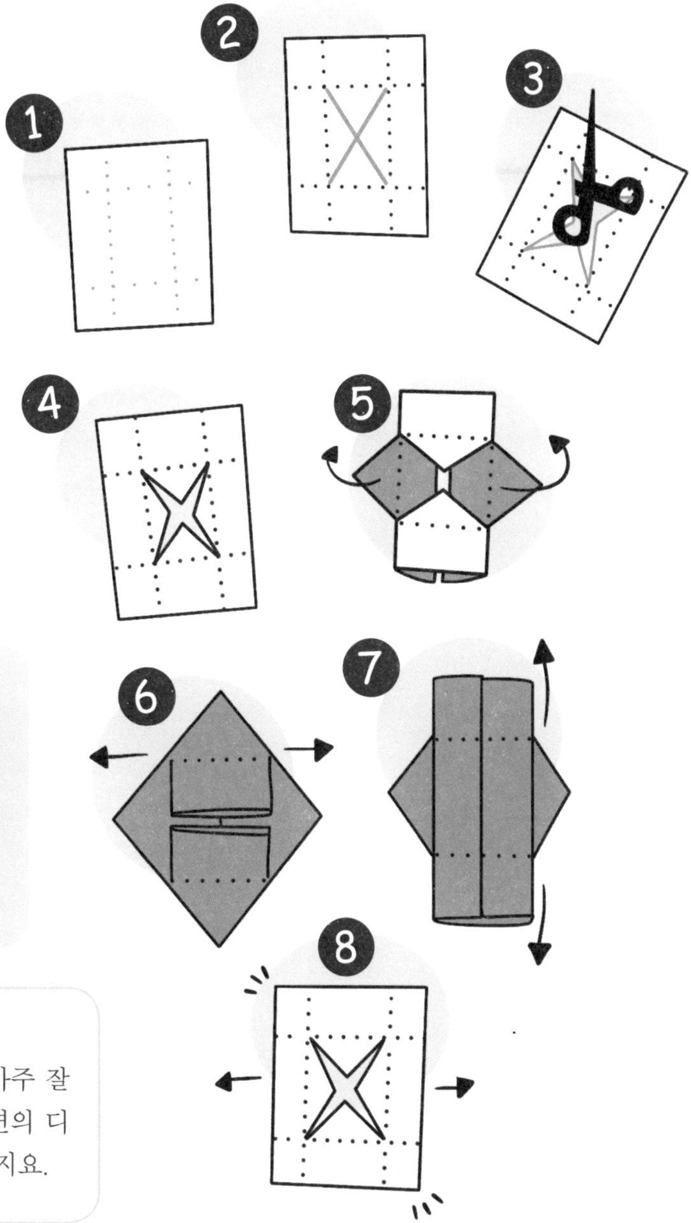

어떻게 된 걸까요?

이 트릭은 놀라워 보이지만, 사실 그렇게 이상한 것은 아니에요. 종이 위의 구멍이, 접힌 가장자리가 통과할 수 있을 만큼 크기만 하다면, 쉬운 일이에요!

바로 이거예요!

종이의 양면이 다르면 이 트릭이 아주 잘 보여요. 이 트릭을 시도하려면 양면의 디자인이나 색깔이 다른 종이가 좋겠지요.

세 개의 문 딜레마

잘 알려진 이 알쏭달쏭 문제는 유명한 게임쇼의 일부였어요!

트릭!

3개의 문 중에서 하나의 문 뒤에만 자동차 경품이 숨겨져 있어요. 다른 2개의 문 뒤에는 염소가 있어요. 누구나 경품이 있는 문을 고르고 싶겠죠!

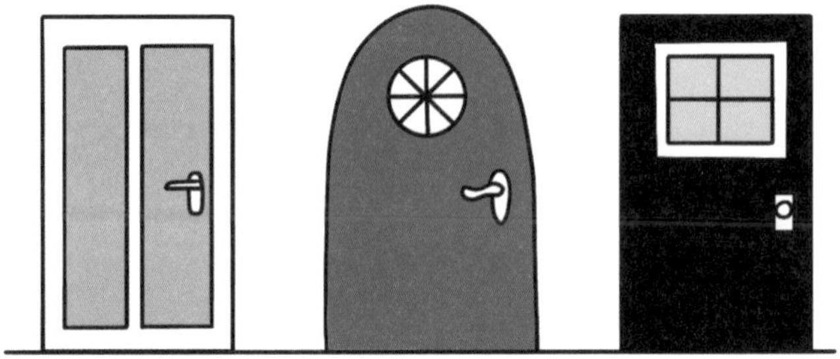

문 하나를 선택해봐요.
그러나 게임쇼 진행자는 우리가 선택한 문 대신, 다른 문을 열어 염소를 보여주죠.

이제 다른 선택의 여지가 생겼어요. 우리는 첫 번째 선택을 고수할까요, 아니면 닫힌 다른 문으로 전환할까요? 어떤 문이 우리에게 가장 좋은 기회를 줄까요?

만약 처음의 선택을 고수하는 것이 최선이라고 생각한다면, 그것은 틀렸답니다! 만약 남은 2개의 문이 똑같은 기회를 갖고 있기 때문에, 무엇을 고르든 마찬가지라고 생각한다면, 그것도 틀렸어요! 왜냐고요?

어떻게 된 걸까요?

대부분의 사람은 경품이 숨겨져 있을 문의 확률이 모두 1/3로 똑같기 때문에, 아무런 차이가 없다고 말해요. 하지만 실제로는 그렇지 않아요!

3개 중 문을 하나 선택할 때, 그것이 맞을 확률은 1/3이에요. 남은 두 문 중, 한 문 뒤에 경품이 있을 확률은 2/3고요.
다른 문들 중 문 하나가 열렸을 때, 우리가 선택한 문 뒤에 경품이 있을 확률은 여전히 1/3이에요. 그리고 나머지 둘 중 한 문의 확률은 2/3죠.

이제 다른 2개의 문들 중 하나 뒤에 염소가 있다는 것을 알게 되었으니, 그것은 경품이 있는 문일 리가 없어요. 그렇다면 이제 나머지 문 뒤에 경품이 있을 확률이 2/3인 거죠!

바로 이거예요!

실제 쇼는 이것이 사실임을 증명했어요. 사람들은 자신의 선택을 바꾸었을 때 더 자주 이겼어요.
종이컵 3개, 자동차와 염소 사진 등으로 직접 게임을 설정할 수 있어요. 친구들과 한 번 해볼까요!

산에 오르내리기

이해하기 힘든 이 퍼즐은 문제를 접하는 누구라도 아마 혼란스러워할 거예요.
답을 듣고 나면 훨씬 더 어리둥절할 거고요!

트릭!

프로바블 교수는 그녀의 개 랜덤과 함께 이틀 동안 하이킹을 가기로 했어요.
그들은 아침 8시에 출발해서 하루 종일 산을 걸어 올라갔어요. 정상에서 하룻밤 야영을 하고 다음 날 아침 8시에, 올라왔던 길을 따라 다시 걸어 내려가기 시작했지요.

하산 중에 교수가 시계를 보며 랜덤에게 말했어요.
"와! 오후 12시 30분이네. 그리고 우리는 어제 12시 30분에 있던 곳과 정확히 같은 지점에 있어!"
문제는 '그런 일이 일어날 수 있느냐?' 하는 거예요. 올라왔던 길과 똑같이, 내려오는 길에 정확히 같은 시간 그리고 같은 장소에 있는 자신을 발견할 가능성은 얼마나 될까요?

그 대답은 당신을 놀라게 할지도 몰라요. 사실은, 단순히 그럴 가능성이 있는 것이 아니라, 반드시 그런 일이 일어난다는 거예요. 우리가 교수와 달리 눈치채지 못할 수도 있지만, 어느 지점에서는 반드시 그런 일이 생겨요! 하지만 왜 그럴까요?

어떻게 된 걸까요?

교수와 그녀의 개를 똑같이 복제한 인간과 개가 있으며, 두 팀 모두 같은 날 걷고 있다고 상상해보아요.

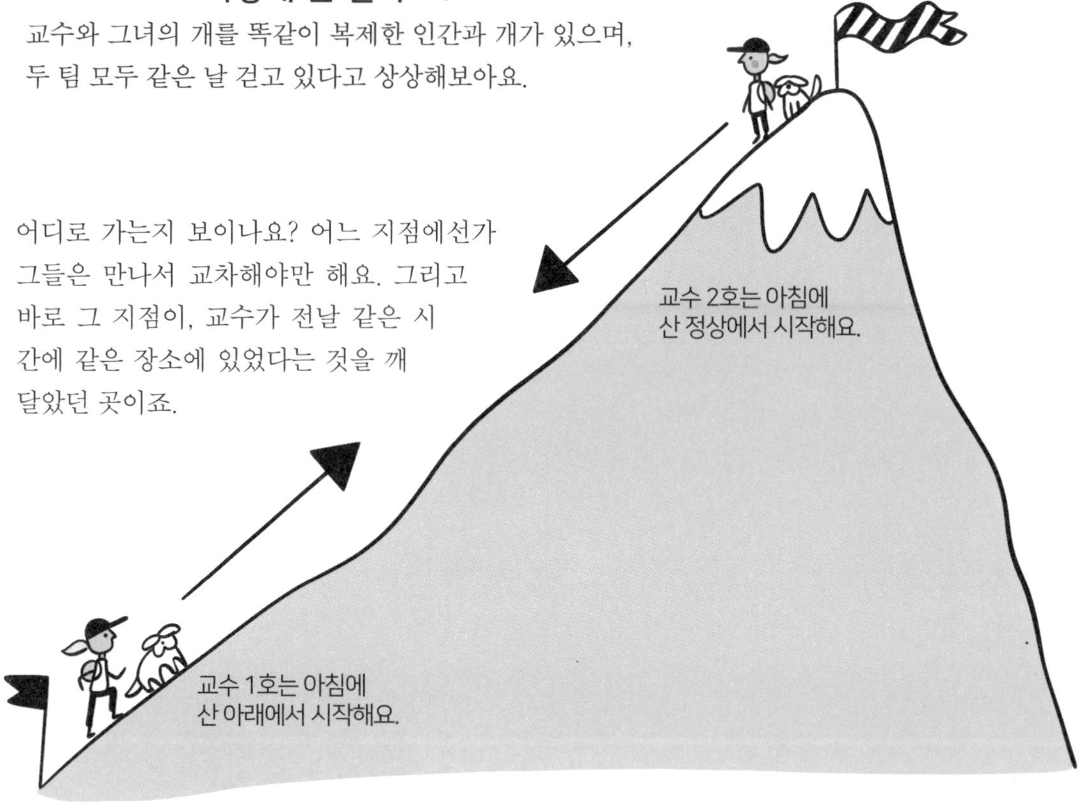
교수 2호는 아침에
산 정상에서 시작해요.
교수 1호는 아침에
산 아래에서 시작해요.

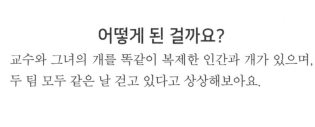

어디로 가는지 보이나요? 어느 지점에선가 그들은 만나서 교차해야만 해요. 그리고 바로 그 지점이, 교수가 전날 같은 시간에 같은 장소에 있었다는 것을 깨달았던 곳이죠.

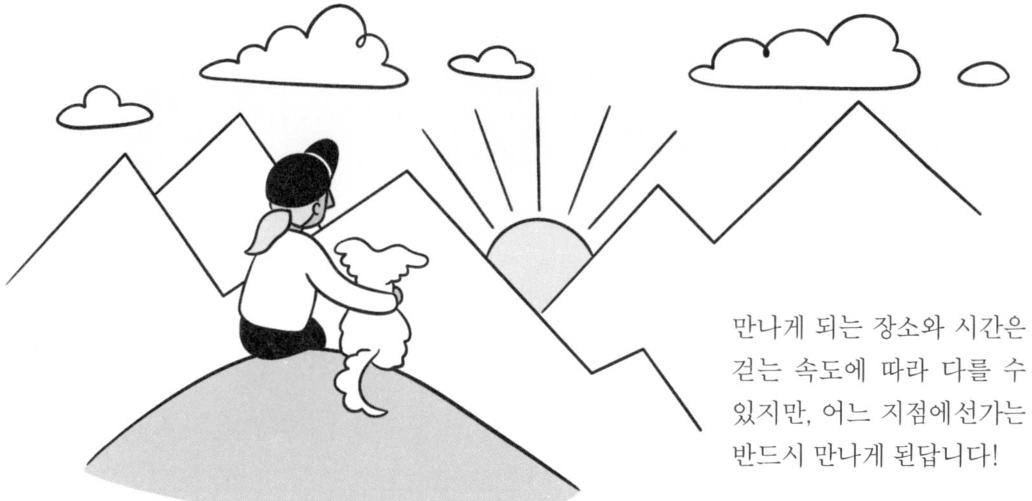

만나게 되는 장소와 시간은 걷는 속도에 따라 다를 수 있지만, 어느 지점에선가는 반드시 만나게 된답니다!

쌀 수수께끼를 내는 사람

만약 우리가 이 이야기 속의 왕이라면, 그와 똑같은 실수를 저지를까요?

트릭!

아주 오래전, 한 현명한 사람이 체스 게임을 발명했어요. 왕은 이 새로운 게임이 매우 마음에 들었기에, 발명가에게 원하는 대로 보상해 주겠다고 얘기했어요.

발명가는 약간의 쌀을 원한다고 말했어요. 그는 체스판의 첫 번째 정사각형 칸에 쌀 한 알, 다음 칸에는 쌀 두 알, 다음 칸에는 쌀 네 알, 다음 칸에 쌀 여덟 알, 이런 식으로 체스판의 모든 칸이 다 사용될 때까지 매번 두 배의 양을 달라고 부탁했어요.

쌀이 얼마 필요하지 않을 것 같았기에 왕은 흔쾌히 승낙했어요. 하지만 왕의 생각이 틀렸죠!

어떻게 된 걸까요?

체스판에는 64개의 칸이 있기 때문에 쌀의 양은 63번이나 배로 늘어나야 해요.

처음 8개의 칸은 다음과 같아요.

1	2	4	8	16	32	64	128

그다음 8개의 칸은 다음과 같고요.

1	2	4	8	16	32	64	128
256	516	1,024	2,048	4,096	8,192	16,387	32,768

21번째 칸에는 백만 알갱이의 쌀이 전달되고, 28번째 칸에는 1억 알의 쌀이 전달되어야 해요. 각 칸에 전달되는 쌀을 모두 합하면 18,446,073,709,551,615알갱이예요. 이것은 전 세계의 땅을 덮기에 충분한 1천8백만 조 알갱이 이상이죠! 나중에야 왕이 깨달았듯이, 숫자는 계속해서 두 배로 늘리면 놀라울 정도로 빠르세 증가해요.

바로 이거예요!

이러한 유형의 2배로 빠르게 증가하는 것을 지수 성장이라고 해요. 그것은 수학에서 그리고 실생활에서도 매우 중요해요. 예를 들어, 어떤 상황에서는 생물 개체 수가 이와 같이 증가할 수 있거든요.

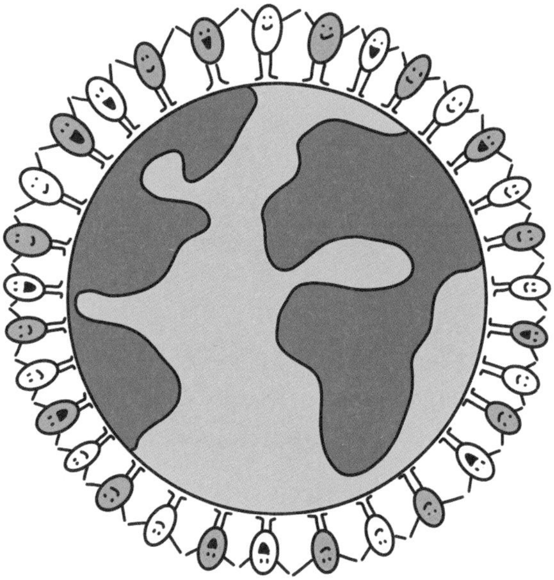

종이 접기 과제

여기 또 다른 지수 성장 트릭이 있어요. 종이를 반으로 8번 접을 수 있을까요? 그러니까, 접었다가 다시 펴지 않고 계속 접기만 하는 거예요. 지금 한 번 해봐요.

트릭!

간단하게 종이 한 장으로 시작해요.
반으로 접은 다음 다시 반으로, 그리고 또 접어서 8번 접어요. 다 접었나요? 아니면 약간 어려웠나요?

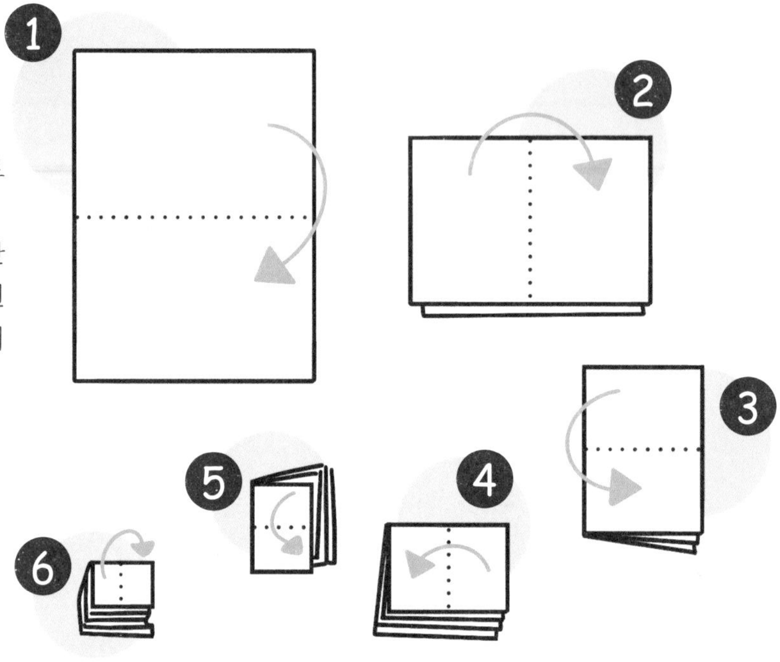

6번이나 7번 정도 접으면 종이가 너무 두꺼워져서 더 이상 접기가 거의 불가능하거나 최소한 평평하게 접기가 어려워요. 신문지처럼 더 크고 더 얇은 종이를 사용하면 약간은 쉬울 수 있지만요.

어떻게 된 걸까요?

종이를 1번 접을 때마다, 62페이지에 나온 쌀알들처럼 두께가 2배씩 기하급수적으로 증가해요. 일곱 번째 접기를 할 때쯤에는 64배 두께의 종이 더미를 접으려고 시도하는 것과 같아요. 가까스로 접었다고 해도 여덟 번째 접으려고 시도한다면, 종이는 128장의 두께가 되고, 훨씬 더 작아져 있겠지요.

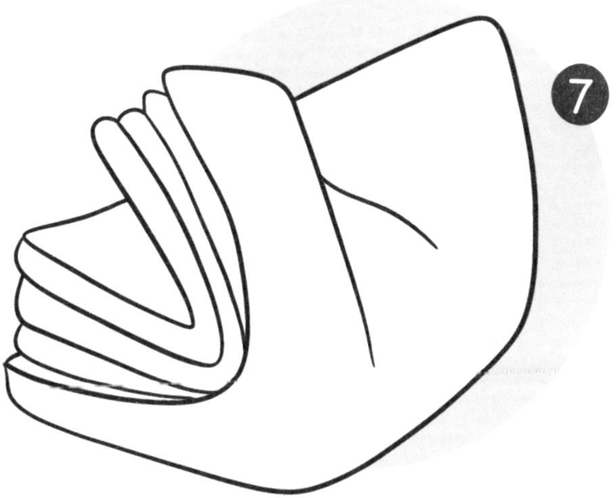

바로 이거예요!

누군가는 아주 얇고 커다란 종이를 사용해서 가까스로 10, 11번 또는 12번을 접었다고 해요. 그러니 접는 건 불가능하지 않아요. 하지만 그렇게 접힌 종이가 얼마나 두꺼워질지 모르기 때문에 그 이상 할 수가 없어요. 예를 들어, 만약 우리가 종이를 42번 접을 수 있다면, 그 종이 더미는 달에 닿을 만큼 두꺼울 거예요!

마법의 사각형

전설에 따르면, 오래전 거북 한 마리가 중국의 거대한 황하 강에서 걸어 나왔다고 해요. 거북의 등에는 사각형 안에 9개의 숫자를 나타내는 이상한 무늬의 점들이 있었어요. 사각형에 있는 숫자들을 모든 행, 열, 대각선으로 더하면 15가 되었어요.

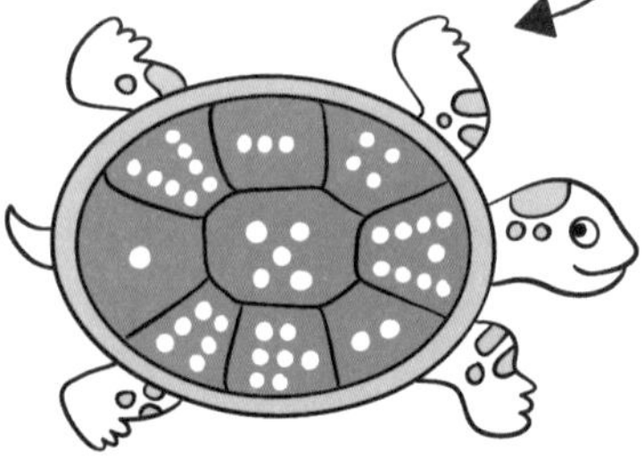

이것을 우리는 마방진이라고 불러요. 그것이 어떤 식으로 작동하는지 혹시 알고 있나요?

8	3	4
1	5	9
6	7	2

트릭!

이 마방진에서 첫째, 모든 방향에서 숫자들을 더하면 15가 되는 것을 확인해요.
그럼 다음 사각형을 풀어볼까요. 그것은 같은 방식으로 작용하지만, 숫자의 배열이 달라요.

모든 방향에서 더해서 15가 되는 또 다른 사각형을 만들려면 어떤 숫자들을 사용해야 할까요?

		4
		3
6		8

혹시 빈 격자무늬로 시작하는, 아무것도 없는 상태에서 마방진을 만들 수 있겠어요?

어떻게 된 걸까요?

사실 3×3 마방진을 만드는 몇 가지 방법이 있어요.
4×4 또는 5×5 격자를 사용하는 더 큰 마방진도 있어요.

15	10	3	6
4	5	16	9
14	11	2	7
1	8	13	12

이 사각형에서, 숫자들은 어떤 방향에서 더해도 34가 돼요.

3×3 마방진을 만드는 요령이 있어요.
맨 위의 가운데 칸에 1을 쓰는 것으로 시작해요.

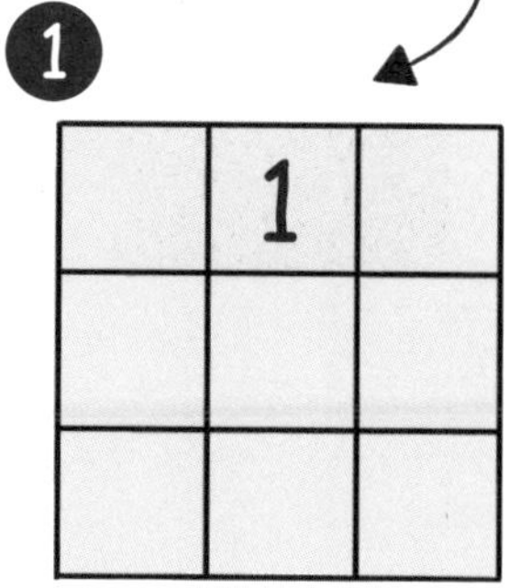

다음 숫자는 항상 오른쪽으로 한 칸 옆으로 간 다음 한 칸 위에 써야 해요. 사각형의 가장자리에 있는 경우에는 예시 ③처럼, 반대쪽으로 이동하면 됩니다.

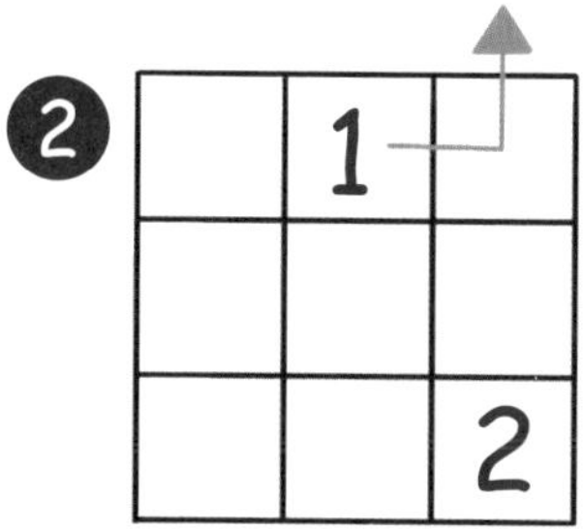

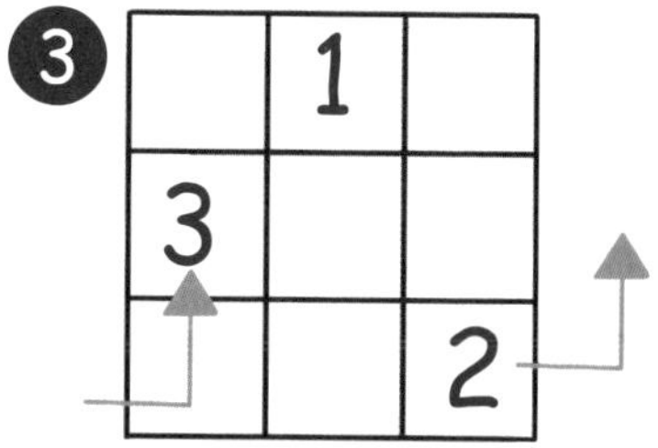

사용해야 하는 공간에 이미 숫자가 있다면 그 아래 공간을 사용해요.
사각형이 다 채워지면, 이 방식이 효과가 있었는지 살펴봐요! 4×4 사각형은 가운데 공간이 없기 때문에 이런 방식이 효과가 없어요. 5×5 사각형에는 효과가 있을까요?

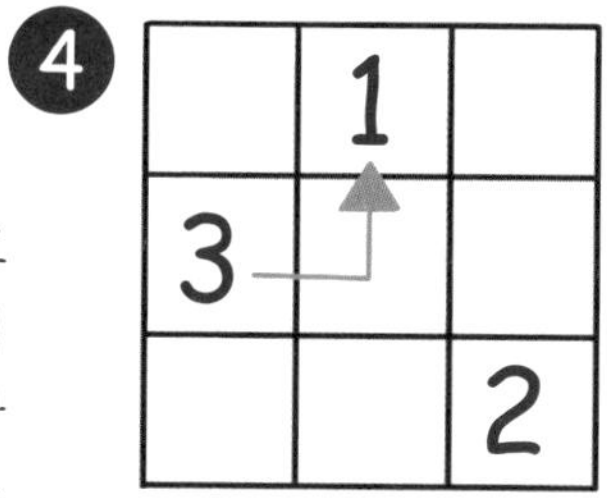

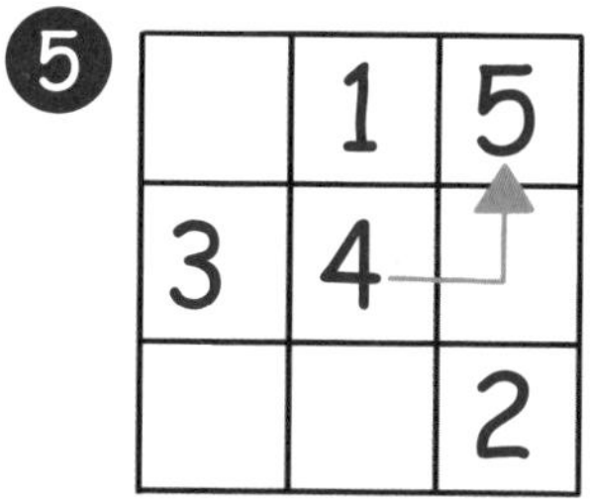

마법의 삼각형

마법의 삼각형도 존재해요!
이 문제를 풀 수 있겠지요?
각 변의 숫자들을 합해서 19가 되어야 해요.

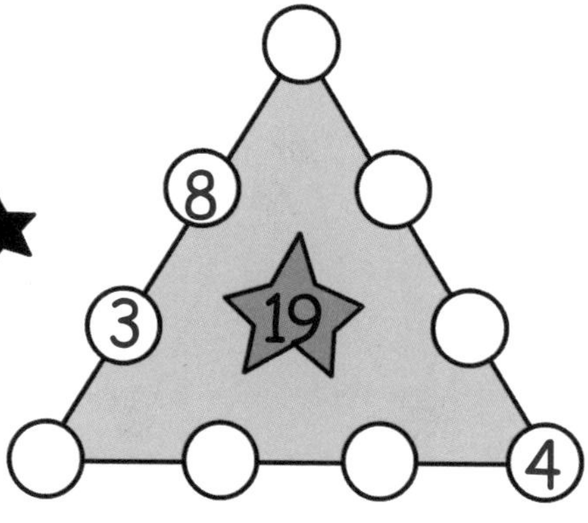

마법의 별

마법의 별은 어떨까요?
1에서 12까지의 숫자를 채워요. 각 직선에 있는 숫자들을 합해서 26이 되어야 해요.

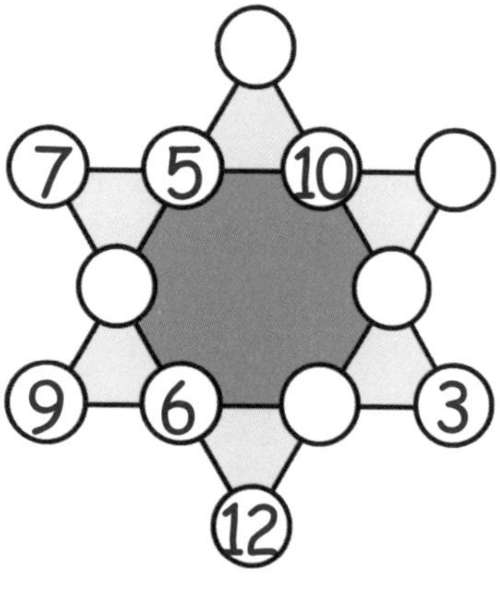

마법의 수학 성냥

이 트릭들은 수학과 성냥을 결합한 거예요! 정답을 밝히기 전에, 문제를 풀 수 있는지 친구들에게 도전하라고 권해요. 실제 성냥은 필요 없어요. 종이에 답을 그리거나 두꺼운 종이를 잘라 성냥으로 사용해도 괜찮아요.

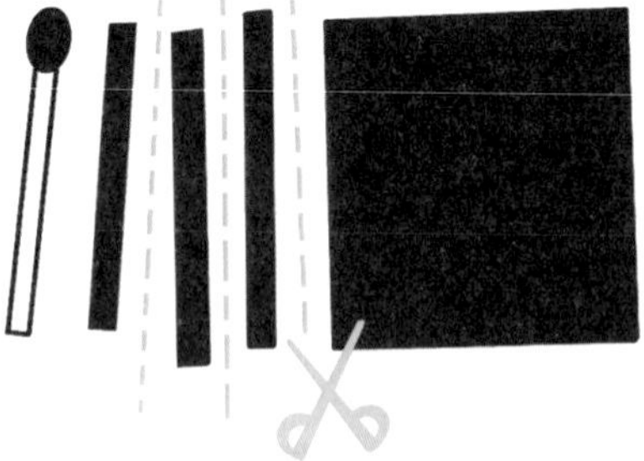

트릭!

바르게 맞혀요

여기 성냥으로 만들어진, 완전히 틀린 방정식이 있어요. 단 하나의 성냥만 움직여서 식을 바르게 만들어봐요. 두 가지 방법이 있답니다!

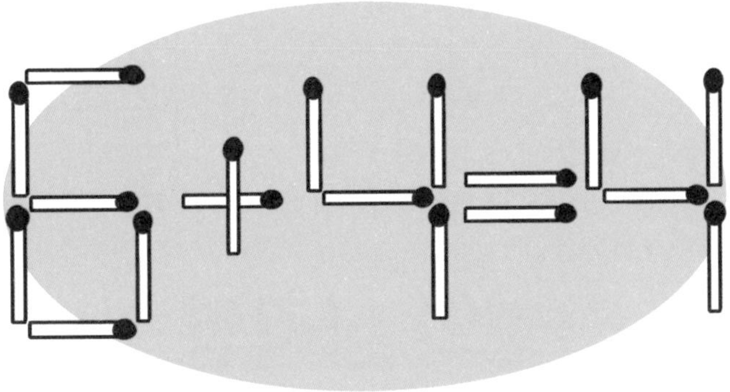

교묘한 삼각형

이번에는 3개의 성냥을 옮겨 삼각형 5개를 만들어보기로 해요.
3개의 성냥으로 이루어진 세 번째 삼각형을, 처음의 두 삼각형 아래로 움직여 하나의 커다란 삼각형을 만들어요. 커다란 삼각형 안에는 작은 4개의 삼각형이 있답니다.

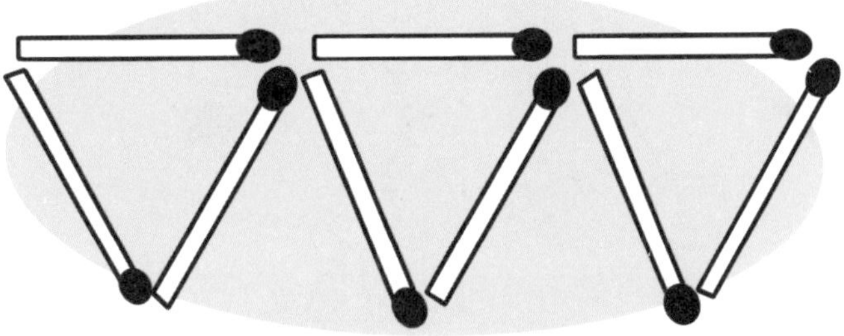

일곱 개의 정사각형

다음은 12개의 성냥을 이용해서 만든 4개의 정사각형 패턴이에요. 그런데 7개의 사각형을 갖고 싶단 말이죠! 단 2개의 성냥을 움직여서 총 7개의 정사각형을 만들어봐요.

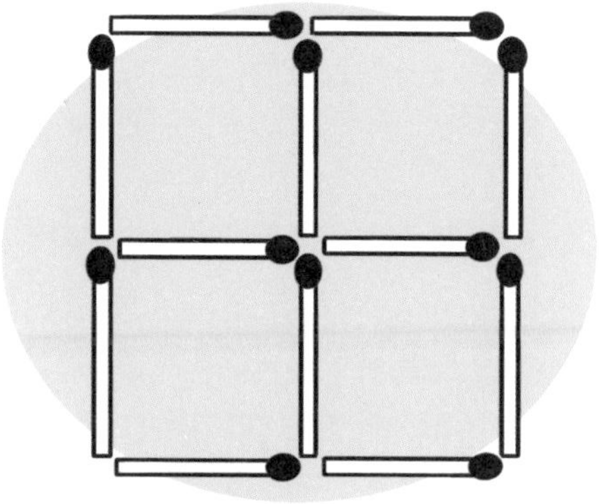

사각형이 어디에 있지?

여기 있는 문제들 중 가장 교활한 트릭이에요. 단 하나의 성냥을 옮겨 정사각형을 만들어봐요.

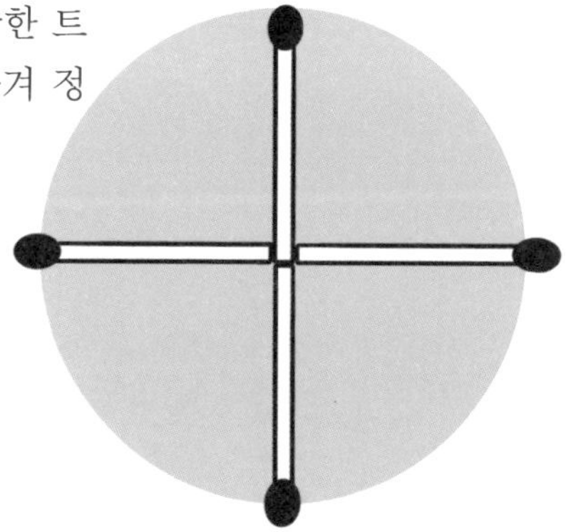

정답:

바르게 맞추어요 일곱 개의 정사각형 교묘한 삼각형 사각형이 어디에 있지?

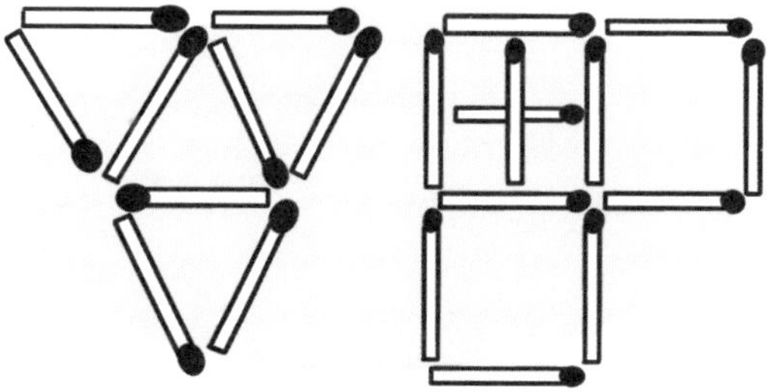

더하기 기호에서 수직으로 놓인 성냥을 옮겨, 더하기를 빼기로 만들고 6에 더해 6을 8로 바꿀 수 있어요.
8-4=4
또는 6의 가운데 있는 성냥을 움직여 6을 0으로 바꿀 수도 있어요.
0+4=4

윗부분에 있는 성냥을 아주 살짝 위로 움직여서, 가운데 작은 정사각형이 나오도록 하면 돼요. 커다란 사각형을 만들어야 한다고 말한 적은 없잖아요!

신기한 독심술

멋지고 신기한 마술로 친구들을 놀라게 해볼까요.
물론, 정말 마술이 아니라 수학이지만요! 우선 연습을 몇 번 해야 할 테고요.

숨겨진 동전

트릭!

친구에게 동전을 몇 개 고른 다음 보이지 않도록 손에 쥐게 해요. 그들이 얼마를 가지고 있는지 맞혀보겠다며 간단한 질문 몇 가지를 하겠다고 말해요.

우선, 동전을 모두 더한 금액을 물어보아요. 예를 들어, 그림에 나온 동전들의 합은 75예요.

이제 다음과 같은 단계들을 수행하게 해요. 계산기를 써도 돼요.

- 총합에 2배를 해요
- 3을 더해요
- 그 결과에 5를 곱해요
- 거기에서 6을 뺀 다음 답을 말해요!

이제 우리는 마지막 자릿수만 빼면 돼요. 그것이 돈의 액수랍니다! 예를 들어, 총합이 75였다면, 2를 곱해서 150, 3을 더해서 153, 5를 곱해서 765, 6을 빼면 759, 마지막 자리의 수를 빼면 75!

2배	= 150
더하기 3	= 153
곱하기 5	= 765
빼기 6	= 759
마지막 자리의 수를 빼면	= 75!

어떻게 된 걸까요?

모든 질문에 답하다 보면, 정답의 10배에다 1에서 9 사이의 숫자를 더한 수가 나와요. 마지막 자릿수의 숫자를 떼고 그것을 10으로 나누면 정답이랍니다!

비밀의 숫자들

이 기술은 '숨겨진 동전'과 비슷한 방식인데, 누군가의 나이와 신발 사이즈를 추측할 수 있게 해줘요!

상대방에게 계산기를 사용해서 다음 작업들을 수행하도록 요청해요.

- 나이를 생각해요
- 나이에 20을 곱해요
- 오늘 날짜를 더해요(예를 들어, 6월 11일일 경우, 11을 더함)
- 그 결과에 5를 곱해요
- 신발 사이즈를 더해요
- 오늘 날짜의 5배를 빼요

답을 보여줘요

대답은 상대방의 나이와 신발 크기를 알려줄 거예요! 예를 들어, 상대방이 9살이고 사이즈 3의 신발을 신는다면, 결과는 903이 될 거에요.

특이한 예측

이러한 트릭은 우리에게 단순히 숫자를 추측하는 게 아니라
실제로 숫자를 예측할 수 있게 해줘요. 정말 교묘하죠?

그리고 숫자는!

시작하기 전에, 종이에 숫자 5를 쓴 후 그것을 접어서 책 안 어딘가에, 그림처럼 숨겨놓아요.

친구들이 어떤 숫자를 생각하고 있는지 알아맞히겠다고 호언장담해봐요. 다음은 친구들이 해야 할 것들이에요.
우선, 숫자를 생각해요. 어떤 숫자여도 상관없지만, 되도록 작은 숫자가 문자를 풀기에 더 쉬울 거예요.

- 생각한 숫자에 두 배를 해요
- 10을 더해요
- 결과를 2로 나눠요
- 처음 생각한 숫자를 빼요

그 결과로 나온 수가 무엇인지 안다고 친구들에게 말하고 책에 숨긴 종이를 그들에게 꺼내라고 요구해요. 자신들의 머릿속에 있던 숫자를 발견한 친구들은 아마 깜짝 놀랄 거예요!

어떻게 된 걸까요?

방법이 뭐냐고요? 없어요. 그저 정답은 항상 5일 뿐이죠!
계산 결과는 항상 그들이 생각한 숫자에 5를 더해서 합산이 된 거예요. 그래서 그들이 생각한 숫자를 빼면 항상 5가 나오죠.

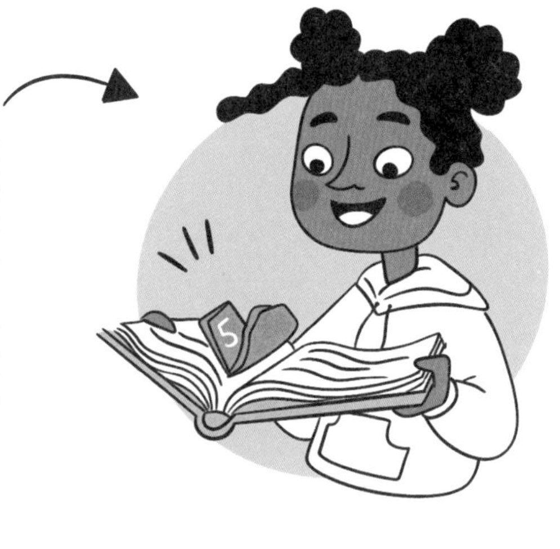

37 트릭

여기 마술처럼 보이는 또 하나의 아주 간단한 숫자 묘기가 있어요!

트릭!

연필과 종이 그리고 자발적으로 참여할 지원자가 있어야 해요. 아, 계산기도 필요하겠네요. 왜냐하면 이 트릭은 약간 긴 나눗셈을 필요로 하기 때문이죠.
친구에게 같은 숫자를 3번 반복하는 3자리 숫자를 종이에 쓰라고 요청해요. 예를 들어 333 같은 숫자 말이에요. 우리가 부정행위를 하지 않는다는 사실을 증명하기 위해, 친구는 종이를 숨겨야 해요!

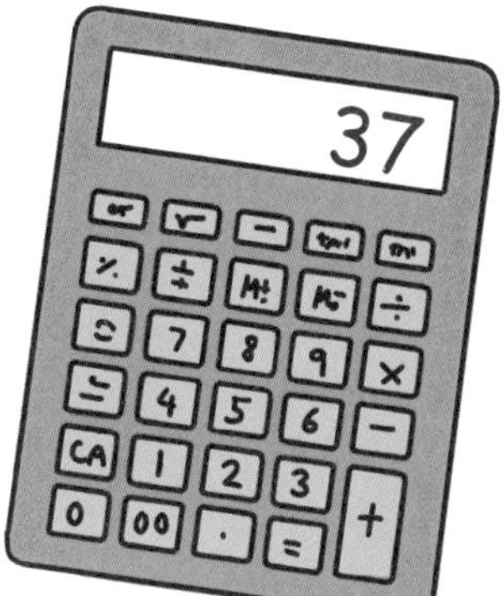

이제 세 자리 숫자의 세 숫자를 더하라고 요청해요.

예컨대 3+3+3은 9죠.

이제, 원래 세 자리의 숫자를 방금 구한 합계로 나누어달라고 해요. 아마 1, 2분 정도 걸릴지도 모르겠군요!

333을 9로 나누면 37이 나오죠.

친구들이 지시를 정확히 따랐다면, 그들의 대답은 항상 37이 될 거예요!

항상 37!

1,089 트릭

여기 항상 답을 예측할 수 있는 또 다른 트릭이 있어요. 왜냐고요? 답이 항상 1,089거든요!

트릭!

친구에게 요청할 것들이에요. 순서를 잘 지켜야 해요. 모두 다른 숫자로 구성된 3자리 숫자를 골라요.

그 숫자의 순서를 바꾸어서, 2개의 거울 이미지 숫자를 만들어요.

계산기를 사용하여 큰 숫자에서 작은 숫자를 빼요.

답의 순서를 바꾸어서, 2개의 거울 이미지 숫자를 만들어요.

마지막으로 이 2개의 수를 더해요.

이제 친구를 놀래켜볼까요. 미리 숨겨둔 숫자 1,089를 보여줍시다! 짜잔!

어떻게 된 걸까요?

숫자 1,089는 몇 가지 특별한 특성을 가지고 있어요. 이것은 제곱수(33×33)이며 또한 '역으로 분할 가능 숫자'예요. 만약 이 수를 거꾸로 해서 9,801을 만들면, 이것은 1,089로 나누어진답니다.

9,801 ÷ 1,089 = 9

위와 같은 단계를 사용해서, 항상 2개의 3자리 숫자로 1,089가 나오게 할 수 있어요.

7-11-13 트릭

이 트릭은 우리가 번개처럼 빠르게 암산할 수 있는 것처럼 보이게 만들어줘요!
그럼 펜과 종이를 준비해볼까요.

트릭!

친구에게 세 자리 숫자를 생각해 말해달라고 해요. 983이라고요?
이제부터 우리는 머릿속으로 계산할 거고, 친구들은 계산기를 사용하라고 말해요. 준비됐죠?
고른 숫자에 7을 곱하고 11을 곱하고 마지막으로 13을 곱하라고 요청해요. 친구들이 계산기를 두드리는 동안, 우리는 그들이 말했던 세 자리 수를 적으면 돼요. 한 번 더 반복해서 적어요. 그러니까, 그 숫자가 983이라면 '983,983'이라고 적는 거죠.
"완료!"라고 외치며 그들에게 종이를 보여줍시다. 그것이 정답일 거예요!

어떻게 된 걸까요?

이 당황스러운 트릭은 보기보다 더 간단해요. 7×11×13=1,001
임의의 숫자에 1,001을 곱하면, 해당 숫자의 1,000배에 '그 숫자×1'을 더해
다음과 같은 수를 얻을 수 있어요.

$$983 \times 1{,}000 = 983{,}000$$
$$+$$
$$983 \times 1 = 983$$
$$= 983{,}983$$

동전 뒤집기

이 트릭은 정말 마술처럼 보여요!

트릭!

테이블에 앉아서 우리 눈을 가려달라고 친구들에게 부탁해요. 그런 다음 테이블 위에 동전 12개를 놓고 몇 개가 앞면인지 물어봐요.
우리가 눈을 가린 채, 앞면이 보이는 동전의 수를 똑같이 두 그룹으로 나눠 동전들을 배열할 것이라고 친구들에게 말해요.
우리는 앞면인 동전의 개수를 기억하고, 그 숫자만큼 다른 그룹으로 옮기기만 하면 돼요. 그런 다음, 모든 동전을 뒤집어요. 동전을 이리저리 잘 섞어서 우리가 하고 있는 일을 숨겨요. 짜잔! 두 그룹은 앞면을 가진 동전의 수가 같을 거예요!

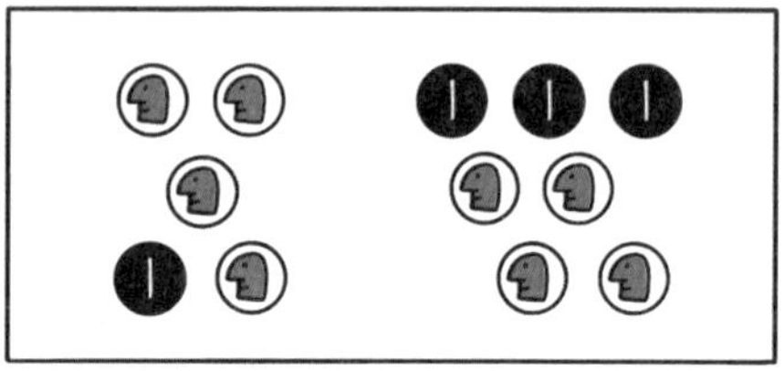

어떻게 된 걸까요?

놀라운 것처럼 보이지만, 간단한 수학이에요.

12개의 동전 중 3개가 앞면이라고 상상해봐요.

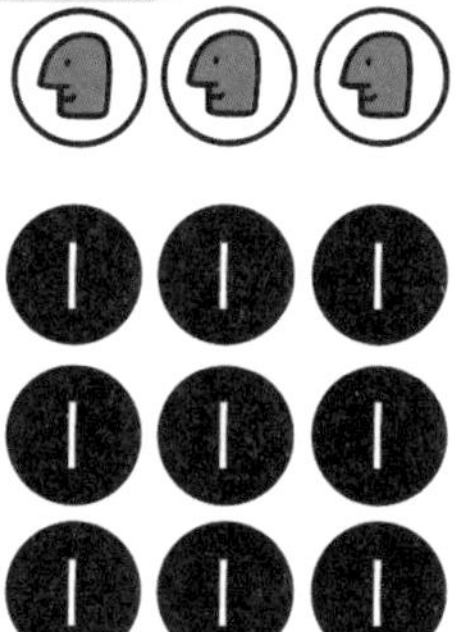

동전 3개를 다른 그룹으로 옮겨요.

이제 다른 그룹에는 앞면이 없겠지요. 그러니 앞면인 동전 그룹을 모두 뒤집으면 전체가 뒷면이 되어 다른 그룹과 일치하게 돼요.

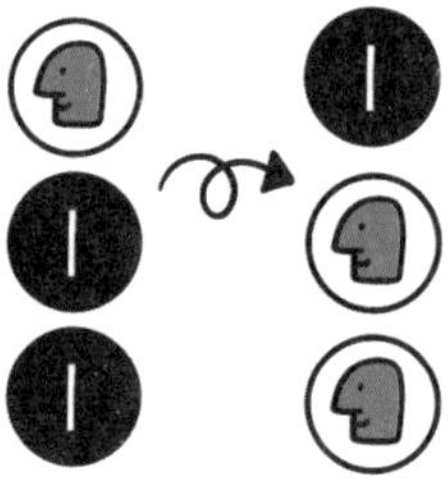

만약 앞면이 하나고 뒷면이 둘이면, 다른 그룹에는 앞면이 2개여야 한다는 의미죠. 그래서 앞 그룹의 동전 3개를 뒤집으면 앞면도 2개가 나와요! 아무리 많은 동전이 앞면이더라도, 그것은 항상 효과가 있어요. 지금 한 번 해봐요!

달력 트릭

이 트릭을 사용하려면,
각 달이 이렇게 표시되어 있는 달력이 필요해요.

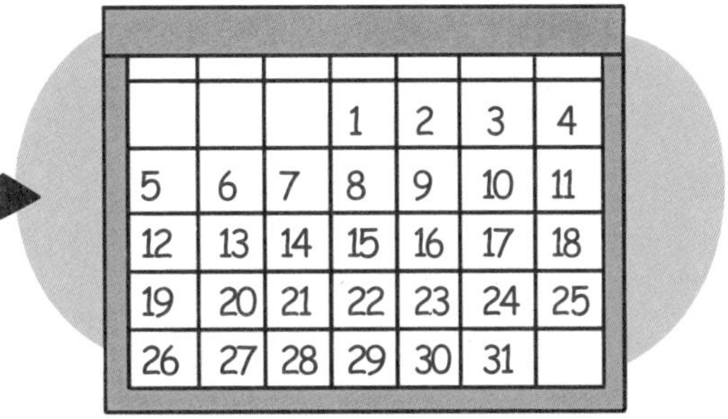

트릭!

친구에게 다음과 같이 9개의 숫자가 포함되도록 한 블록을 그리라고 요청해요. 이때 우린 딴 곳을 쳐다보고 있어야 해요.
그런 다음, 그들에게 9개의 숫자를 모두 합한 숫자를 말해달라고 요청해요. 어떤 숫자가 가운데 있는지 맞히겠다고 말이에요. 계산기를 사용해서, 그 숫자를 9로 나누기만 하면 돼요. 그게 바로 답이에요!

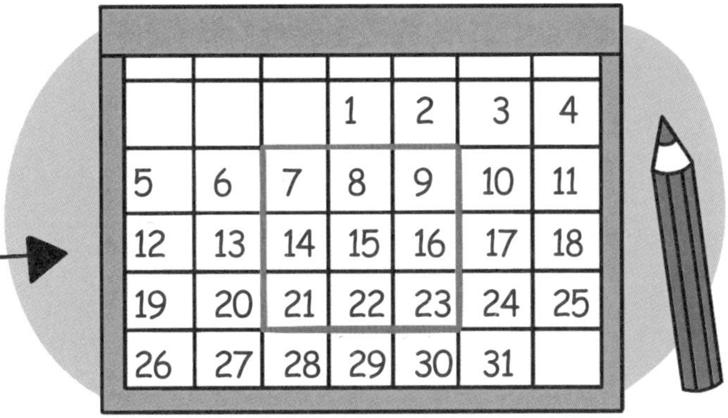

어떻게 된 걸까요?

9개의 캘린더 숫자들이 있는 블록에서 중간 번호는 항상 모든 숫자의 평균이 돼요. 다른 숫자들은 모두 그 숫자의 위와 아래로부터 동일한 거리에 있기 때문이에요. 놀랍죠!

팝업 다면체

완벽한 다면체 파티 트릭을 위해 마법처럼 보이는 이 모양을 만들어보아요!

다면체는 다각형으로 구성된 면들을 가진 3D 형상이에요. 다각형은 3개 이상의 직선의 변이 있는 평면도형이죠. 12면체인 이 다면체는 12개의 면이 있고, 각각의 면은 완벽한 오각형이에요.

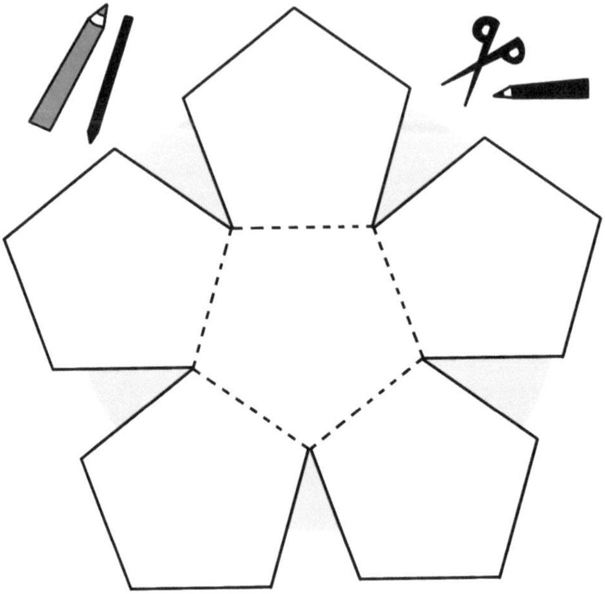

트릭!

다면체를 만들기 위해서는 낡은 시리얼 박스, 자, 연필, 가위, 고무줄이 필요해요.

우선, 시리얼 박스 안쪽에 그림과 같은 모양을 2개 그리거나 복사해요. 5개의 오각형으로 둘러싸인 또 하나의 오각형이 있고, 오각형의 크기는 모두 같아요.

모양대로 도형을 오려내고 모든 점선을 따라 양방향으로 접어서 쉽게 구부러지도록 해둡니다.

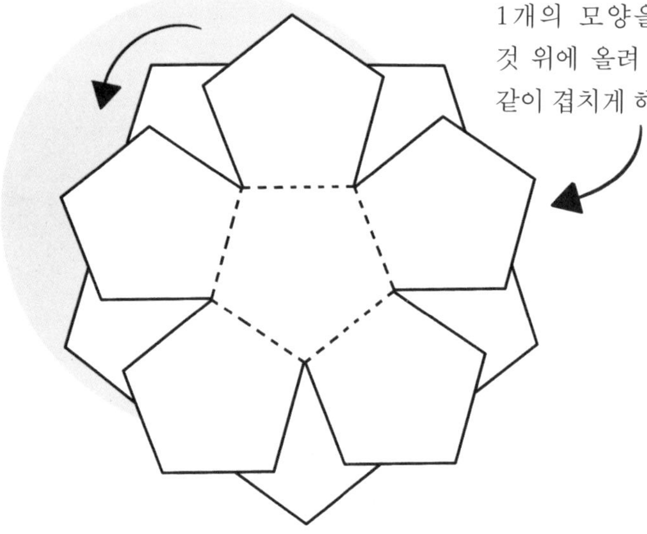

1개의 모양을 다른 것 위에 올려 그림과 같이 겹치게 해요.

이제 전체 모양의 너비만큼 긴, 얇은 고무줄이 필요해요. 위에 놓인 종이의 뾰족한 끝 가장자리들 위로, 아래에 놓인 종이의 뾰족한 끝 가장자리들 아래로 고무줄을 지나가게 해요. 그림을 따라 하면 돼요. 2개의 종이를 손으로 함께 잡아주어 모양을 평평하게 유지하고요.

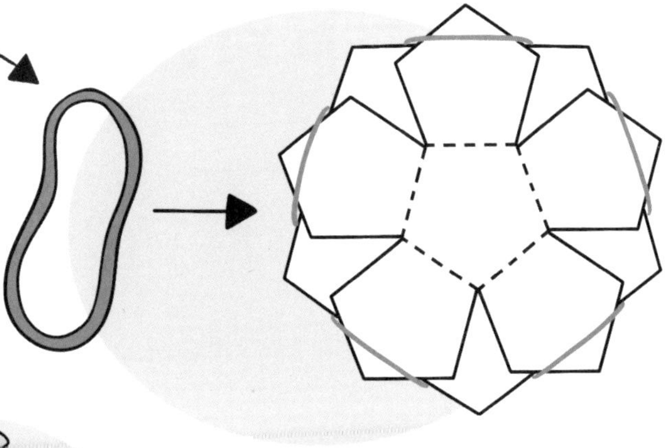

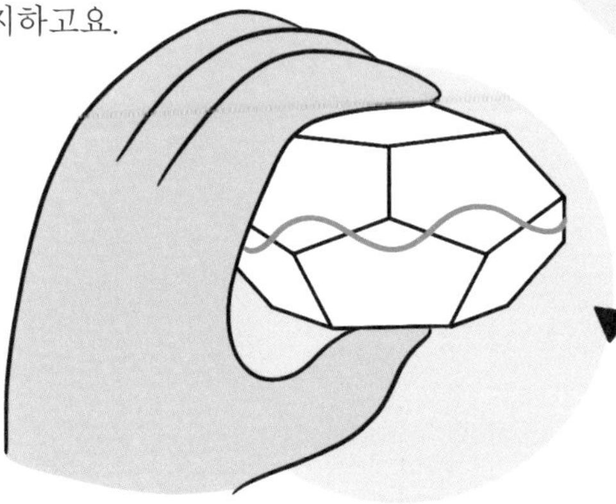

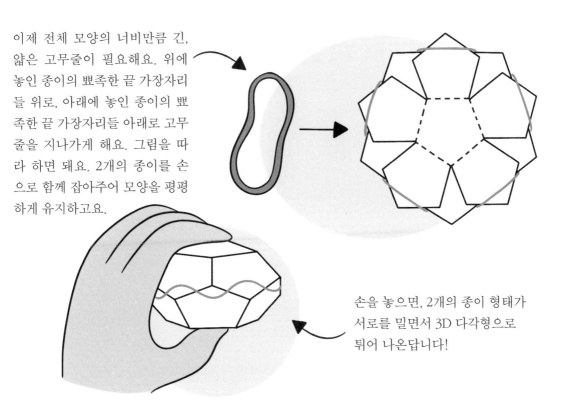

손을 놓으면, 2개의 종이 형태가 서로를 밀면서 3D 다각형으로 튀어 나온답니다!

어떻게 된 걸까요?

평평한 오각형 꽃 모양들은 '네트'라고 부르는데요. 오각형들이 함께 접힐 때, 각각의 꽃은 12면체의 절반을 형성해요. 고무줄을 늘려 뾰족한 끝부분들을 두르면, 고무줄이 끝부분들을 안쪽으로 당겨 2개의 종이가 함께 접히면서 3D 모양이 만들어지는 거예요!

생각해봐요!

다면체는 종류가 많아요. 이것들을 만들기 위해 평평한 네트를 어떻게 그리는지 알겠나요?

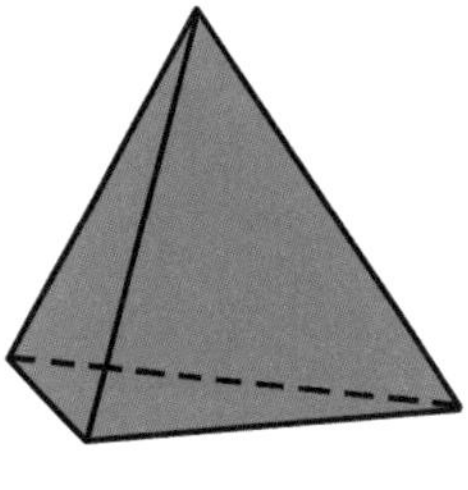

정육면체

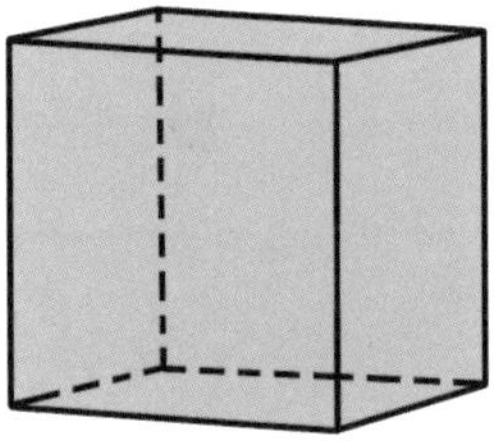

4면체

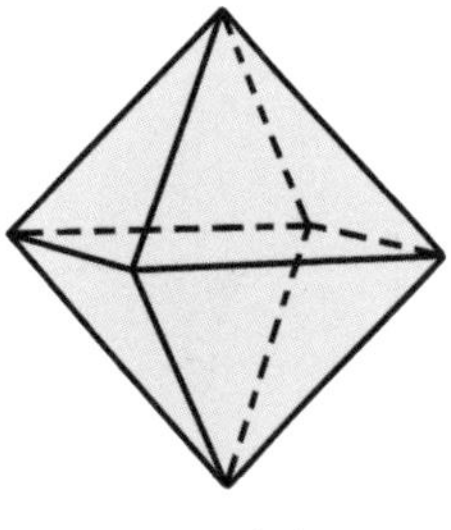

8면체

육각형의 다면체

이 트릭은 처음에는 헷갈릴 수 있지만, 일단 육각형의 다면체를 만들고 나면 틀림없이 좋아하게 될 거예요! 안팎을 계속 뒤집을 수 있는 접힌 종이 육각형이랍니다.

트릭!

두껍거나 무거운 종이를 준비해요.
자와 연필을 사용해서 종이의 가장자리를 따라 약 3센티미터 너비로 긴 조각을 표시해요.
그림에 나온 틀대로 복사하거나 따라 그려서 등변(같은 변) 삼각형 모양들을 표시해요.
삼각형들은 접혔을 때 모든 방향에서 서로 완벽하게 맞아야 하므로, 등변이어야 해요.

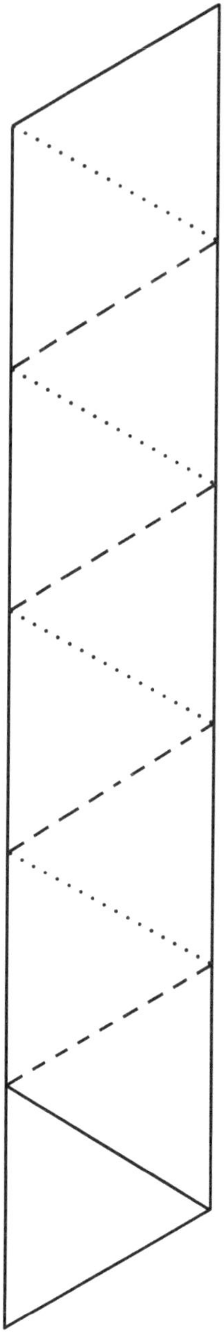

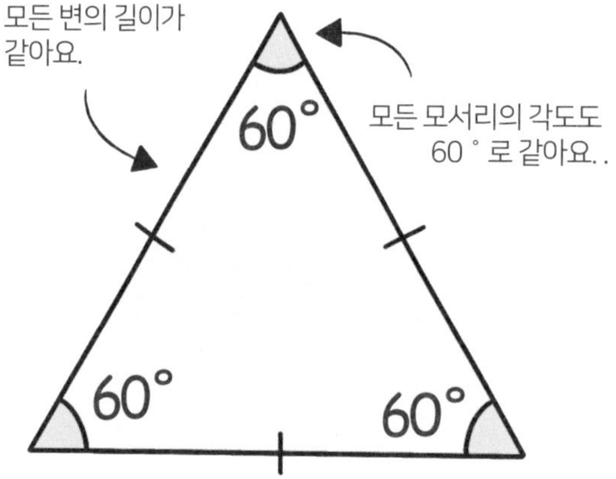
모든 변의 길이가 같아요.
60°
60°
60°
모든 모서리의 각도도 60 ° 로 같아요..

등변 삼각형

길게 자른 종이에서 쓸모없는 여분을 모두 잘라내요. 종이의 점선 부분은 아래로, 모스 부호 같은 선은 위로 접어요.

1

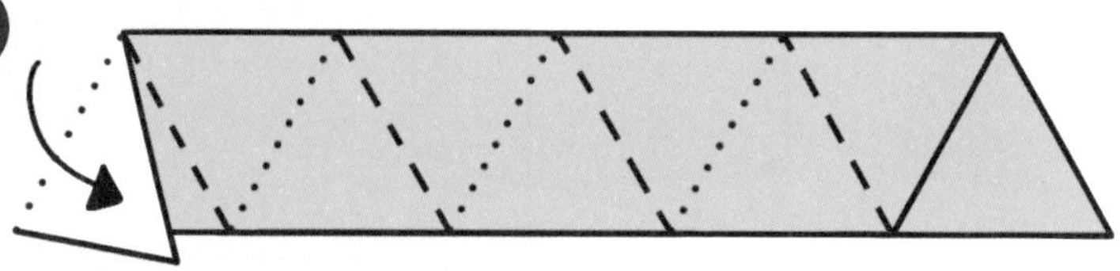

2

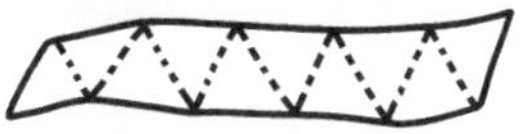

3

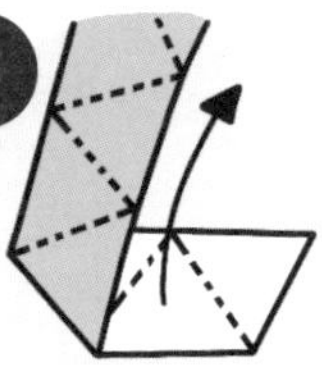

4

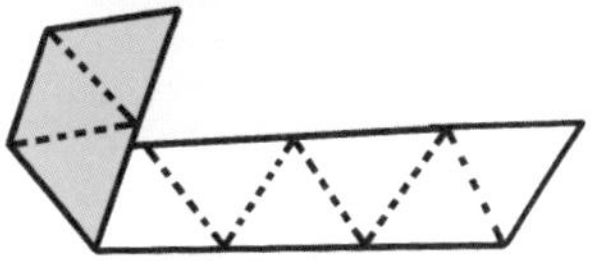

접은 종이를 다시 펼쳐요.

한쪽 끝에서 시작해서 세 번째까지 접어요,
반대쪽에서도 세 번째까지 접고 나면

5

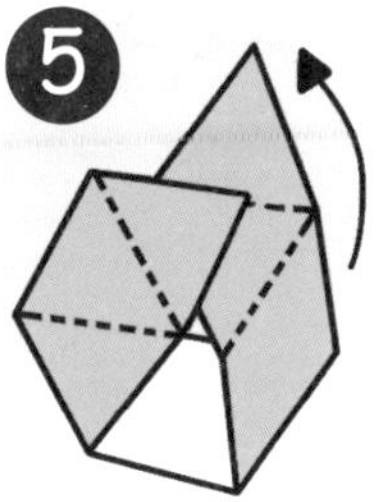

그림처럼 삼각형 하나가 튀어
나온 육각형 모양이 돼요.

6

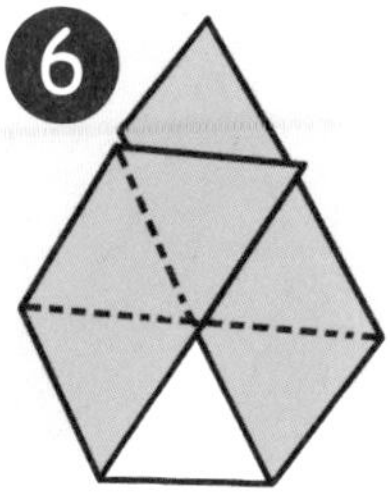

그 삼각형을 첫 번째 삼각형
아래로 집어넣어요.

7

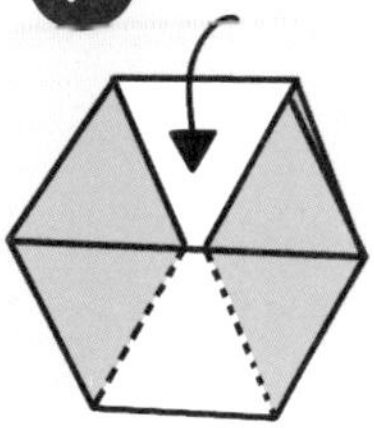

그것을 접어서
첫 번째 삼각형에 풀로 붙여요.

이 육각형의 다면체를 '자랑'하려면, 그것을 평평하게 쥐고 그림과 같이 3개의 삼각형으로 접어야 해요. 그것들을 함께 쥔 다음, 가운데에 있는 세 점을 당겨요. 오, 육각형 다면체가 뒤집혔네요! 계속 반복해봐요.

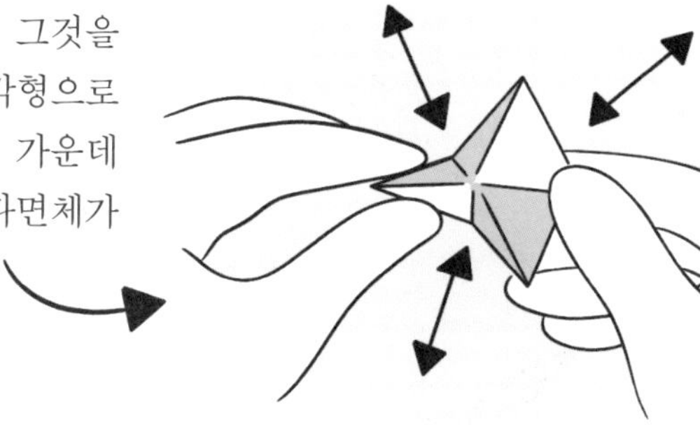

어떻게 된 걸까요?

육각형의 다면체가 접히는 방식은, 육각형의 각 삼각형들이 오직 한 면에서 만나는 2개의 층으로 이루어졌기에 가능해요. 우리가 그것을 뒤집을 때, 그것들은 위치를 바꿔서 새로운 육각형을 만들어요.
육각형 다면체의 각 평평한 표면들을 장식하여, 그것을 뒤집을 때마다 새로운 디자인이 나타나도록 할 수 있어요.

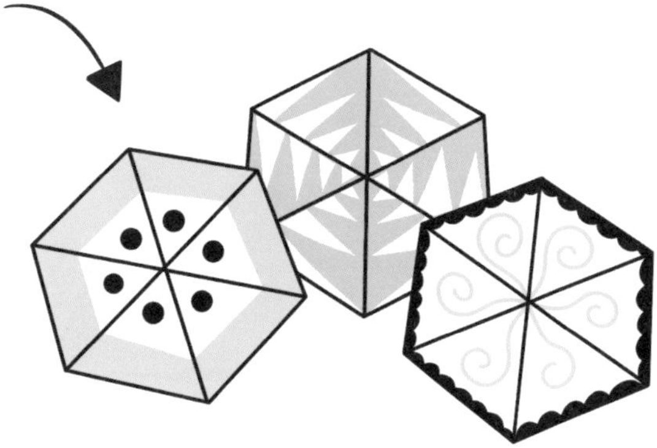

오르막길 굴러 올라가기

수학적으로 마법 같은 형태를 만들어보기로 해요, 그것은 오르막을 굴러서 올라길 거에요!
주변 사람들이 우리 말을 믿든 말든, 우리는 할 수 있어요.
물론 올바르게 만들기는 까다로울 수 있어요. 잘 만들어보자고요.

트릭!

마법 같은 형태를 만들기 위해서, 2개의 원뿔 모양의 물체가 필요해요. 직선 면이 있는, 같은 크기와 모양의 깔때기 2개가 있다면 좋겠네요. 원뿔 모양의 나무 블록이나 간단한 원뿔형 모자 같은 것도 괜찮아요.

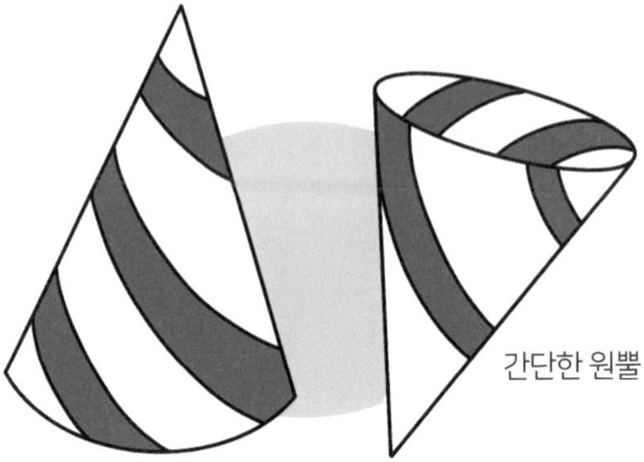

간단한 원뿔 모양

깔때기

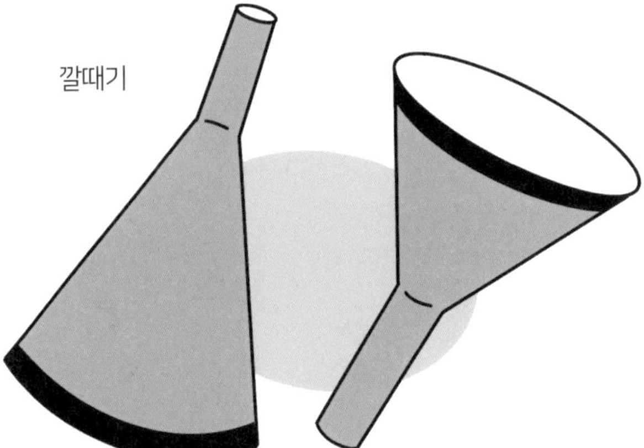

나무 장난감 블록

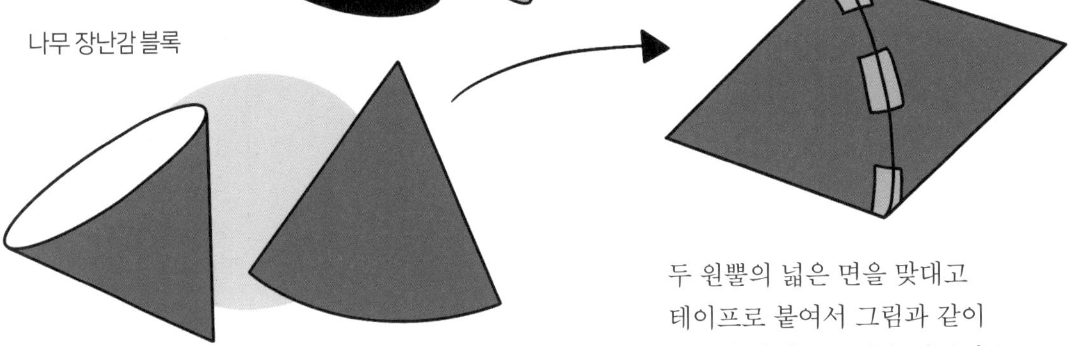

두 원뿔의 넓은 면을 맞대고 테이프로 붙여서 그림과 같이 하나의 겹원뿔 모양을 만들어요.

이제 30센티미터 자 2개 또는 이와 유사한 길고 곧은 나무 조각 그리고 책 몇 권이 필요해요. 약 25센티미터 간격을 두고 2개의 작은 책 더미를 만들어요. 이때 한쪽 더미를 약간 더 높게 쌓아야 해요.

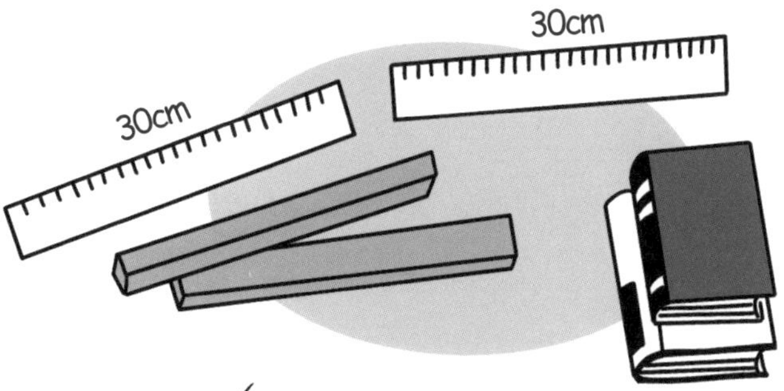

책들 위에 자 2개를 V자 모양으로 놓아요. V자의 뾰족한 모양이 낮은 쪽으로 오게 말이에요.

그리고 아까 만든 겹원뿔을 V의 아랫부분에 놓으면 위쪽으로 부드럽게 굴러가요! 처음에는 잘 굴러가지 않을 수도 있어요. 그럴 때는 V자의 기울기와 모양을 조정하면 돼요, 굴러 올라갈 때까지요.

어떻게 된 걸까요?

이것은 비스듬히 기울어진 원뿔 모양 때문이에요. 겹원뿔의 가장 두꺼운 부분인 가운데가 V자의 좁은 부분에 닿아 있어요. 그러나 겹원뿔의 뾰족한 양끝은 2개의 자가 멀리 떨어진 부분에 놓여 있어요.

이것은 원뿔이 실제로 약간 아래로 움직인다는 것을 의미해요. 그것이 바로 원뿔이 그런 식으로 굴러가는 것처럼 보이는 이유랍니다!

매직 넘버 카드

이 놀라운 마술 카드 트릭은 준비하기는 매우 쉽고 알아내기는 정말 어려워요!

트릭!

우선, 우리만의 마법 카드 세트를 만들어요. 카드놀이 때 쓰는 카드처럼 거의 같은 크기와 모양으로 두꺼운 종이를 잘라 5조각을 만들어요.

각 카드에 15개 칸이 나오도록 격자무늬의 선을 그려요.

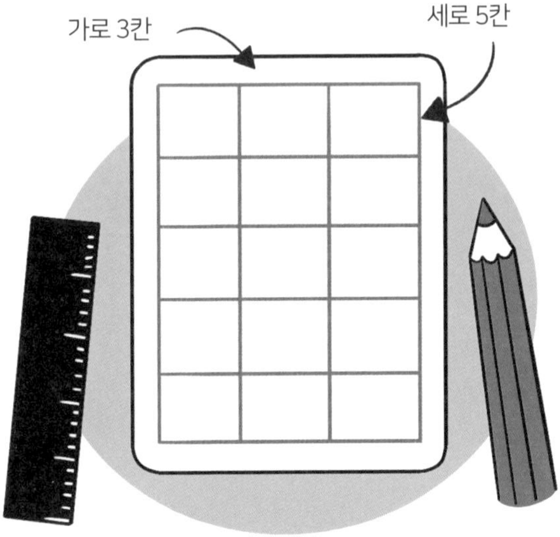
가로 3칸
세로 5칸

이제 그림대로 숫자들을 각 칸에 써 넣어요. 트릭이 성공하려면 정확하게 복사해야 해요!

1 3 5
7 9 11
13 15 17
19 21 23
25 27 29
2 3 6
7 10 11
14 15 18
19 22 23
26 27 30
4 5 6
7 12 13
14 15 20
21 22 23
28 29 30
8 9 10
11 12 13
14 15 24
25 26 27
28 29 30
16 17 18
19 20 21
22 23 24
25 26 27
28 29 30

이제 트릭을 직접 활용해볼까요!
친구에게 1에서 30까지의 숫자를 생각하라고 요청해요. 그에게 첫 번째 카드를 보여주고, 그 카드에 그가 생각한 숫자가 있는지를 물어보아요. 그는 "예" 또는 "아니요"라고 대답하겠죠. 다른 4개의 카드를 가지고 똑같이 반복해요. 이때 그가 "예"라고 대답한 카드의 첫 번째 숫자를 기억해야 해요.
암산으로 그 숫자들을 더하면 끝. 그 결과가 그들이 선택한 숫자예요. 정확하게 '추측'해서 그들을 놀라게 해봅시다!

1	3	5
7	9	11
13	15	17
19	21	23
25	27	29

1	3	5
7	9	11
13	15	17
19	21	23
25	27	29

4	5	6
7	12	13
14	15	20
21	22	23
28	29	30

16	17	18
19	20	21
22	23	24
25	26	27
28	29	30

예를 들어, 그들이 생각한 숫자가 21이면, 다음의 카드에 대해 "예"라고 대답할 거예요.
1, 4, 16을 더하면 21이 나오죠!

어떻게 된 걸까요?

비결이 뭐냐고요? 방법이 있죠!
1에서 30 사이의 각 숫자는 이러한 숫자들을 사용하여 만들 수 있어요.

1 2 4 8 16

그리고 카드들은 이러한 숫자들로 시작한답니다. 예를 들어 숫자 21을 만들려면 16, 4, 1이 필요해요.
그래서 숫자 21은 1, 4, 16으로 시작하는 카드들에 나타나는 거예요.
모든 숫자가 이와 마찬가지예요.
그래서 상대방이 정한 숫자가 나타나는 카드들로 어떤 숫자든 알아낼 수 있는 거죠.

생각해봐요!

이 트릭은 더 큰 숫자에도 효과가 있을 수 있어요.
50에서 100까지 가능한 카드들을 어떻게 만드는지 알아내봐요!

낙타 17마리

이것은 17마리의 낙타에 관한 기이한 이야기예요. 무슨 일일까요?

트릭!

세 아들을 둔 노인이 있었어요. 그는 아들들에게 낙타 여러 마리를 남겨주고 세상을 떠났어요.
맏아들은 낙타들의 절반, 둘째 아들은 전체의 1/3, 막내아들은 전체의 1/9을 갖게 되었어요.

아들들이 낙타를 나누기로 했지만 낙타가 17마리라 아무리 열심히 나누어보려 해도 불가능했지요. 세 아들은 근처에 사는 현명한 할머니에게 조언을 구하기로 했어요.
"낙타 17마리, 흠?"
할머니는 곰곰이 생각했어요.
"어떻게 해야 할지 알겠다."
그녀는 자신의 낙타를 타고 그들의 집에 가서, 낙타 무리에 자신의 낙타를 더했어요.
"자, 다시 나눠보렴."
그제야 아들들은 낙타를 쉽게 나눌 수 있었지요.

맏아들은 낙타들의 절반을,

18마리의 절반=낙타 9마리

둘째 아들은 낙타들의 1/3을,

18마리의 1/3=낙타 6마리

막내아들은 낙타들의 9분의 1을 얻었어요.

18마리의 1/9=낙타 2마리

그것들을 모두 더하니 17마리였어요, 할머니는 자신의 낙타를 타고 집으로 향했답니다!

어떻게 된 걸까요?

아들들이 낙타를 나누기 어려웠던 이유는 17이 소수이기 때문이에요. 소수는 2, 3, 9가 아니라, 1과 자신의 수로만 나눠질 수 있어요. 노파는 낙타를 1마리 추가함으로써, 낙타를 18마리로 만들었어요. 18은 2, 3, 9로 나누어지는 숫자죠. 아들들은 18마리의 1/2, 1/3, 1/9을 데려갔어요. 그런데 이 숫자를 더하니 17이지 뭐예요. 와우!

독특한 파이

파이는 숫자지만, 2, 5, 73처럼 평범한 숫자가 아니에요.
파이는 원의 둘레(가장자리 주변의 거리)를 지름 또는 너비로 나눌 때 얻을 수 있는 값이에요.

파이들의 파이

애더, 앨버트, 앨런은 각각 파이를 만들었어요. 그들은 자신들이 만든 파이를 이용해서 파이 계산하기를 원해요.

애더의 파이
원주: 53.5센티미터
지름: 17센티미터

앨런의 파이
원주: 201센티미터
지름: 64센티미터

앨버트의 파이
원주: 22센티미터
지름: 7센티미터

트릭!

계산기를 사용해, 각 파이의 원주를 지름으로 나누어요. 결과를 보고 뭔가 떠올랐나요? 결과는 모두 똑같을 거예요. 파이는 항상 똑같으니까요!

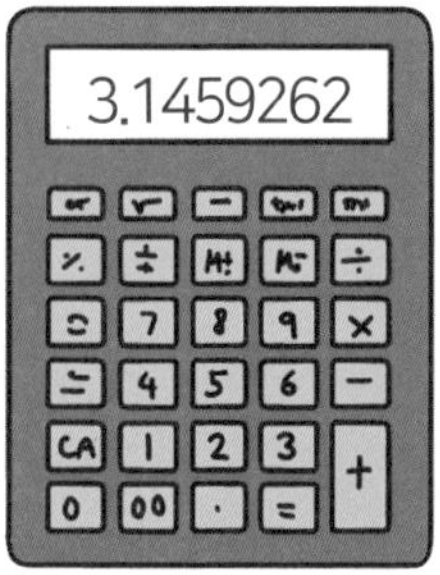

어떻게 된 걸까요?

원은 아무리 커도 둘레는 항상 지름의 3.14배를 조금 넘어요. 수학에서는 이것을 상수라고 불러요. 매우 정확하게 측정되었을 때, 파이(Pi)는 영원히 계속되는 십진수예요.

수학자들은 컴퓨터를 사용하여 수조에 이르는 소수자리까지 파이를 계산했어요. 그들은 공간을 절약하기 위해 다음 기호를 사용하여 파이를 쓰죠.

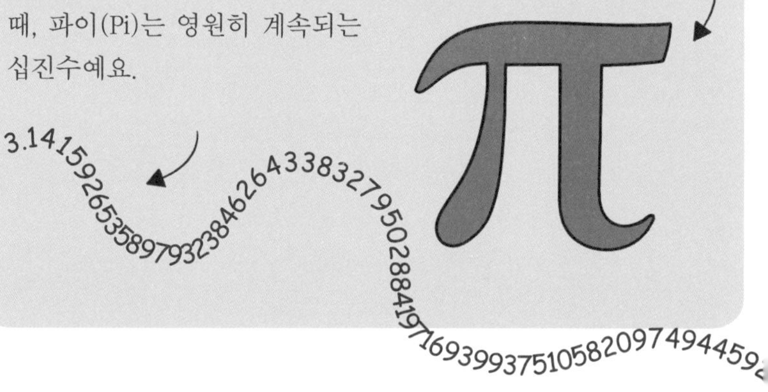

파이 트릭

수학자들은 대부분의 계산에서 파이의 우수리를 잘라버리고 소수점 이하 처음 몇 자리만 사용해요 → **3.141592**

트릭!

여기 파이의 첫 여섯 자리를 기억하기 위한 편리한 기술이 있어요! 그냥 'How I wish I could calculate Pi(내가 파이를 계산할 수 있다면 얼마나 좋을까)'라는 문구를 외우면 돼요. 각 단어의 글자 수가 파이를 만들어요.

How	I	wish	I	could	calculate	Pi
3	1	4	1	5	9	2

파이 시

위의 기술을 사용하여 원하는 자릿수까지 파이를 기억할 수 있어요.

각 단어의 글자 수가 정확히 파이의 소수점 이하의 자릿수에 대응하는, 바보 같은 문장을 만들면 돼요. 다음처럼요.

May I have a large container of coffee cream, and sugar(커피, 크림, 설탕을 담은 큰 통으로 하나 주세요.)?

May I have a

3 . 1 4 1

large container

5 9

of coffee,

2 6

cream, and

5 3

sugar?

5

파이 타일

트릭!

곧게 펴진 파이 기호는 모자이크 식으로 만들 수 있어요. 즉, 그림과 같은 모양의 타일이 서로 딱 맞아, 틈 없이 표면을 덮는다는 의미예요. 어떤 방법인지 알겠지요?

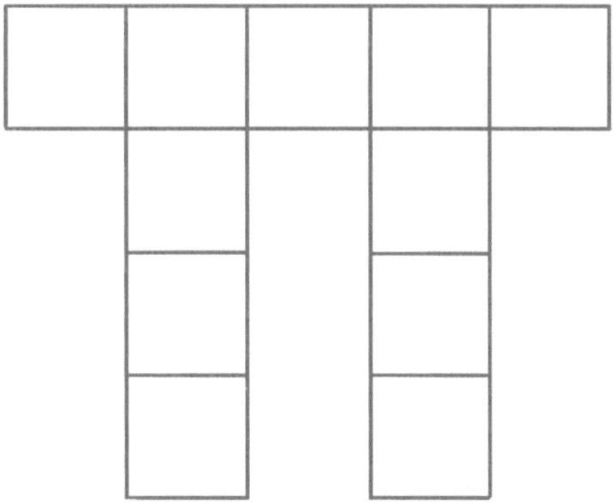

여기 답이 있어요!

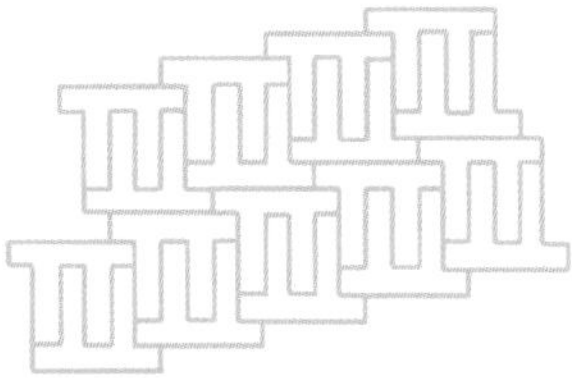

우박수

우박은 천둥 구름 안에서 위아래로 튕기다가 마침내 땅에 떨어져요. 우박의 숫자는 비슷해요!

트릭!

일련의 우박 숫자를 만들려면, 0보다 큰 정수부터 시작해요. 즉, 분수나 6.5와 같은 소수가 아니라 6이나 23과 같은 평범한 숫자를 의미해요.

숫자 6으로 시작하죠. 6이요.
다음의 두 가지
간단한 규칙을 따르면 돼요.

짝수면 2로 나누어서
다음 숫자를 구해요.

홀수일 경우 3을 곱한 다음
1을 더해서 다음 숫자를 구해요.

6	짝수	둘로 나눔	=3
3	홀수	3을 곱하고 1을 더함	=10
10	짝수	둘로 나눔	=5
5	홀수	3을 곱하고 1을 더함	=16
16	짝수	둘로 나눔	=8
8	짝수	둘로 나눔	=4
4	짝수	둘로 나눔	=2
2	짝수	둘로 나눔	=1

그래서 6의 경우, 8단계를 거치면
결국 1이 돼요. 그러는 중에, 숫자들은
위아래로 오르내리면서 우박처럼
결국 바닥으로 떨어지는 거예요.

어떤 숫자로 시작하든, 항상 1로 끝나는 것 같아요. 일부 숫자들은 다른 숫자들보다 더 오래 걸리지만요. 예를 들어 7로 시작하는 경우 다음과 같이 될 거예요.

좋아하는 숫자로 한 번 해봐요, 어떻게 되는지 확인해야죠!

어떻게 된 걸까요?

정말 아무도 몰라요! 이 트릭은 독일 수학자 로타르 콜라츠가 1937년에 발견했는데, 그의 이름을 따서 '콜라츠 추측'이라고 해요. 수학자들은 많은 숫자를 가지고 그것을 시험해보았고, 거의 모든 숫자가 결국 1이 된다는 사실을 알았어요. 물론 모든 단일 숫자에 그러한 법칙이 적용되는지를 확신할 수는 없지만요.

바로 이거예요!

이것은 실제 천재 수학자들이 시간을 들여 생각해보는 그런 종류의 퍼즐이에요!
그들은 '증거'를 찾아 퍼즐을 풀려고 시도해요. 증거란, 퍼즐이 해결되는 방법을 알아내서 그것이 모든 숫자에도 적용되는지의 여부를 보여주는 수학적 계산이랍니다.

구구단 트릭

구구단을 익히는 것이 힘든 일처럼 느껴질 수도 있어요. 그렇다면 신기한 곱셈 요령으로 조금 더 쉽게 해봐요! 양손만을 사용해서 1에서 10까지의 숫자에 9를 쉽게 곱하는 거예요. 9단이라고 생각하면 돼요.

9 트릭

양손을 앞으로 내밀고
손가락 사이를 벌려요.

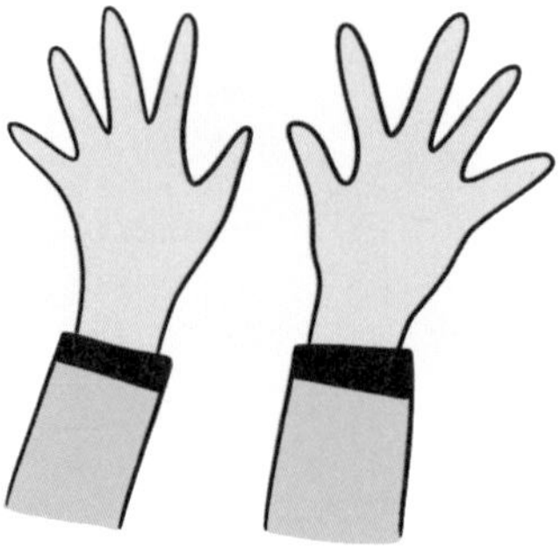

9를 곱할 숫자를 선택해서 그 숫자에 해당하는 손가락을 아래로 구부리고요. 예를 들어 3×9의 경우, 세 번째 손가락을 아래로 구부리면 돼요.

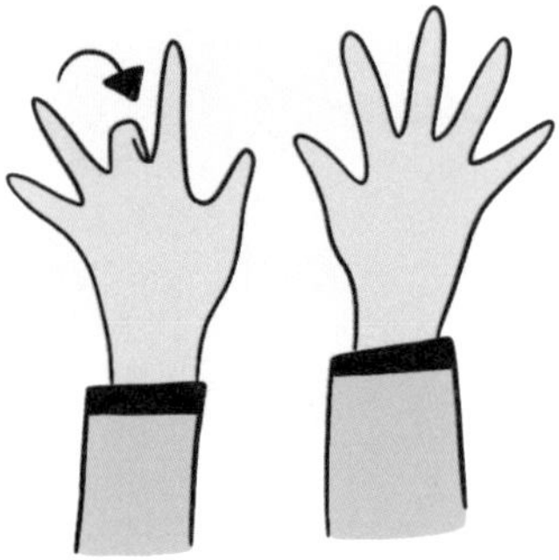

이제 구부린 손가락 왼편에 있는 손가락을 세어봐요. 그게 십의자리예요. 그리고 구부린 손가락 오른편에 있는 손가락들을 세어요. 그게 일의자리예요.

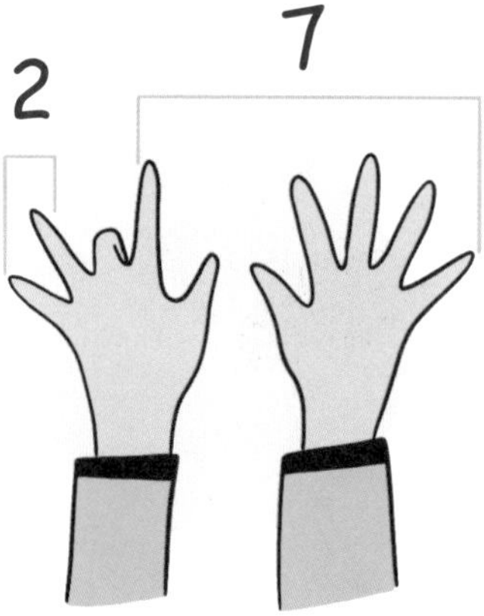

두 수를 합치면 27이 돼요. 와우!
그럼 8×9를 해볼까요.

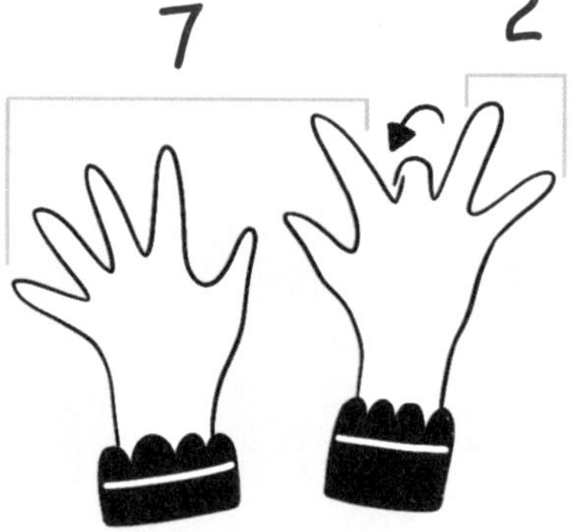

정답은 72!

11 트릭

11단의 처음 10단계는 숫자를 2번씩만 쓰면 되니, 매우 쉬워요.

1 × 11 = 11
2 × 11 = 22
3 × 11 = 33

이 트릭을 사용해서 더 큰 숫자에 11을 즉시 곱해볼까요. 모든 두 자리 숫자에도 사용할 수 있거든요.

11을 곱할 숫자를 선택해요. 23으로 해볼까요.

23 X 11

가운데 간격을 두고 2와 3을 써요.

2 _ 3

이제 2와 3을 더해요.

2 + 3 = 5

그리고 그 결과를 2와 3 사이에 적어요.

2 5 3

그게 답이에요.

두 숫자를 더했을 경우, 가끔 15처럼 두 자리 숫자가 나오기도 해요. 그럴 때는, 1을 다음과 같이 첫 번째 숫자에 더하면 돼요. 예를 들어, 78×11의 경우를 볼까요.

78 X 11

가운데 간격을 두고 7과 8을 써요. — 7 _ 8

7과 8을 더해요. — 7 + 8 = 15

가운데에 5를 쓰고, 1을 가지고 가서, — $7^{1}58$

7에 1을 더해요. — 858

78 x 11 = 858!

손가락 계산기

다음은 양손으로 6, 7, 8, 9단을 할 수 있는 또 다른 손가락 트릭이에요.

트릭!

양손바닥을 몸쪽으로 향하게 하고, 손가락들이 다음과 같이 서로를 가리키도록 해요.

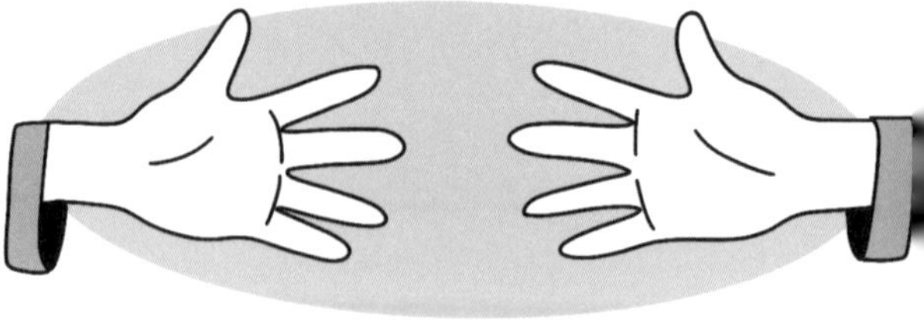

이제 양손의 손가락에 다음과 같이 6부터 10까지 번호가 있다고 상상합니다.

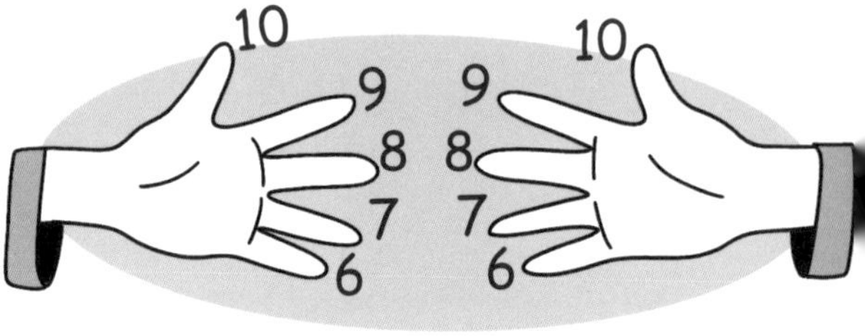

두 숫자를 곱하려면, 그 숫자들이 매겨진 손가락을 서로 맞대요. 그렇다면 9×8의 경우, 다음과 같이 되겠지요.

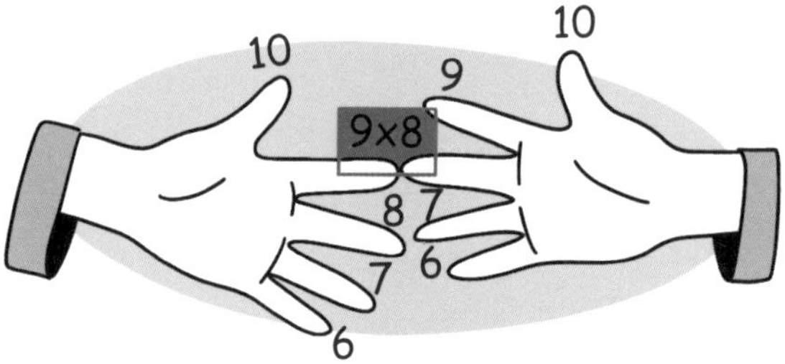

이제 맞댄 두 손가락을 포함해서 그 아래쪽 손가락을 모두 세어 합해요. 그러면 답의 첫 번째 숫자가 나와요(십의자리).

7개의 손가락이 있으니 첫 번째 부분은 7이겠네요.

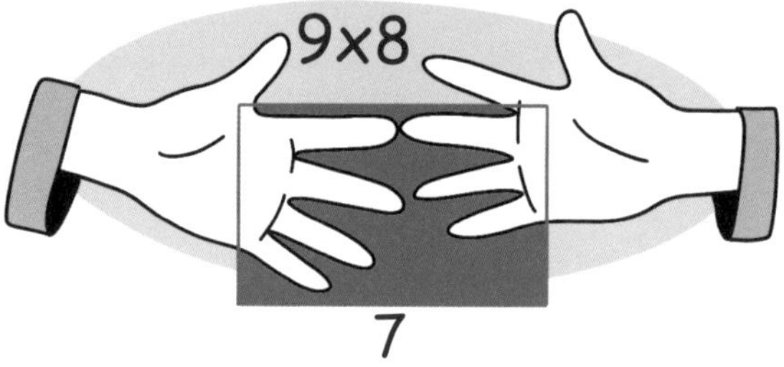

7_

자, 이제 양손의 맞닿은 손가락 위에 있는 손가락을 세서 서로 곱해요. 이렇게 하면 답의 두 번째 부분이 나와요(일의자리).
왼손에 손가락 하나가 있고, 오른손에 손가락이 2개 있으니까 2 x 1 = 2

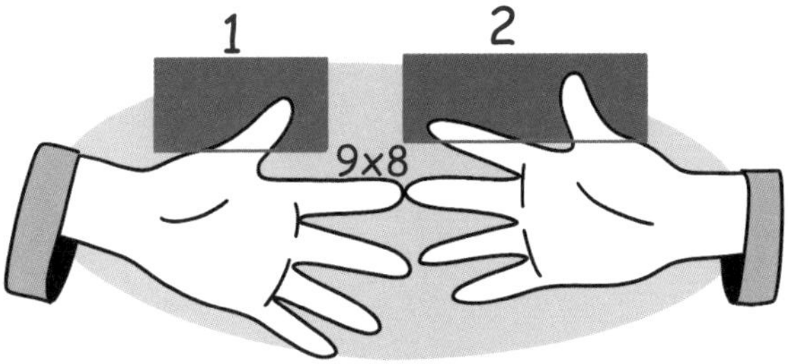

72

답은 72!

일의자리를 구할 때 두 숫자를 곱해서 두 자리 숫자가 나오면, 1을 십의자리로 가져와서 더해주면 돼요.
6×7의 경우, 맞닿은 손가락들하고 그 아래 손가락들을 더하면 3이죠.

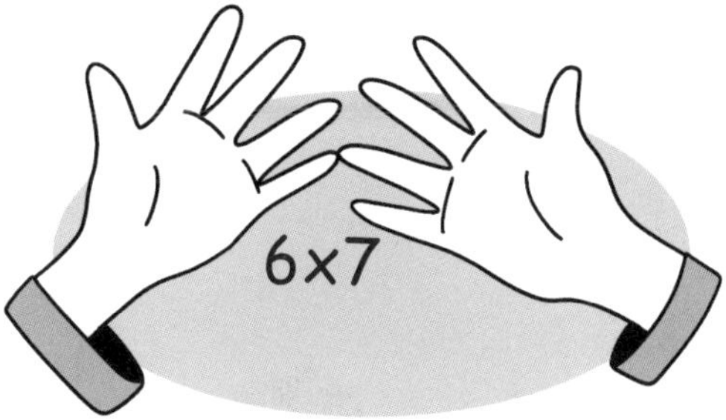

3_

왼손과 오른손의 위쪽 손가락들은 4와 3이고요.

4×3=12
312
42
6×7=42

어떻게 된 걸까요?

이러한 모든 곱셈 기술은 우리가 10을 기본으로 세기 때문에 효과가 있어요. 9와 11처럼 10에 가까운 숫자들은 꽤 알기 쉬운 패턴을 따르죠. 손가락 계산기는 10개의 손가락을 사용해요. 정답을 찾으려면 각 숫자가 10에서 얼마나 떨어져 있는지 세기만 하면 돼요. 이러한 숫자들을 올바른 순서로 배열하면 결과가 나와요.

바로 이거예요!

컴퓨터와 계산기가 나오기 전에는 비슷한 방식의 주판을 사용했어요. 주판알의 각기 다른 행은 각각 1, 10, 100 등을 나타냈고, 주판알을 이리저리 움직여서 계산할 수 있었어요.

점 바꾸기

이 기술의 경우 도전과제가 간단해요! 친구에게 서로 다른 색조의 점 2개가 있는 종이를 보여주고, 종이를 접는 동안 두 점의 위치를 바꿀 거라고 말해요.

트릭!

먼저, 종이 한 장 위에 점 2개를 그려요. 예를 들어, 하나는 주황색 다른 하나는 검은색 점을 그리면 돼요. 종이 가운데에 같은 간격을 두고 같은 크기로 그려요. 아니면, 다음과 같이 2개의 서로 다른 기호를 그려도 괜찮아요.

무엇을 그리든 상관없지만, 종이의 반대편에서 비치는 펜을 사용하면 안 돼요!

이제, 종이를 다음과 같이 왼쪽에서 오른쪽으로 접어요.

그런 다음 접힌 종이의 뒷부분을 이렇게 몸쪽을 향해 접고요.

종이가 다 접히면, 종이 위로 양손을 흔들거나 주문을 말하거나 마술지팡이(또는 마술연필) 같은 것으로 두드리는 시늉을 해볼까요.

종이를 오른쪽 아래 모서리에서부터 펼쳐요. 왼손의 엄지와 손가락으로 종이 윗부분의 모서리를 집고 오른손으로는 그 아래에 있는 다음 층의 모서리를 집어요.

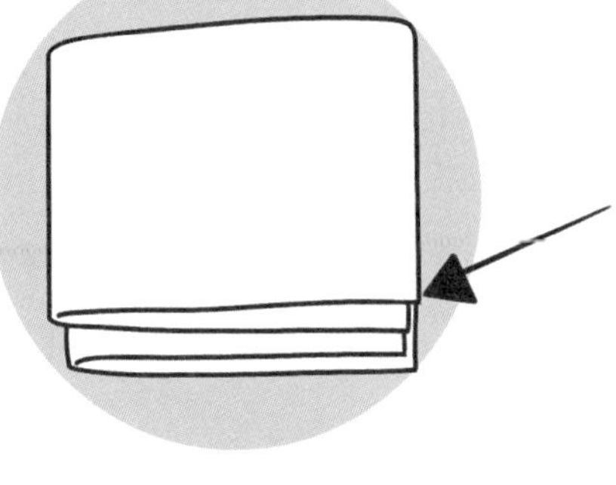

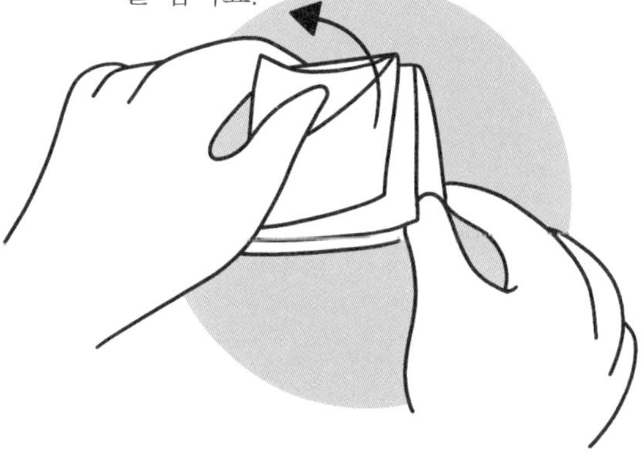

이 두 모서리를 잡고 재빨리 종이를 펼치면? 짜잔! 점들의 위치가 바뀌었어요!

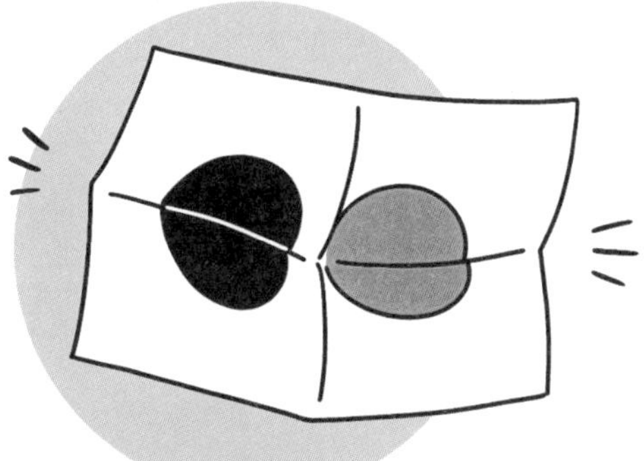

어떻게 된 걸까요?

종이를 펼칠 때, 실제로는 우리가 접었던 방식과 반대로 펼치는 거예요. 접힌 종이의 뒷면이 위쪽을 향해 열리고, 종이가 통째로 뒤집히는 거죠. 이것을 재빨리 하기 때문에 발견하기가 어려워요. 그리고 점들이 '올바른 방식으로' 펼쳐지지 않기 때문에, 마치 위치가 바뀐 것처럼 보여요.

간단한 퍼센트

퍼센트는 까다로울 수 있지만, 곧 더욱 쉬워질 거예요!

'퍼센트(%, 백분율)'는 기본적으로 '100당' 또는 '100에서'를 의미해요. 예를 들어, 50퍼센트는 절반을 의미해요. 50이 100의 절반이기 때문이에요. 퍼센트 문제는 다음과 같이 나올 수도 있어요.

'10의 50퍼센트는 얼마일까요?' 50퍼센트는 절반이지요. 그래서 10의 50퍼센트는 5랍니다.

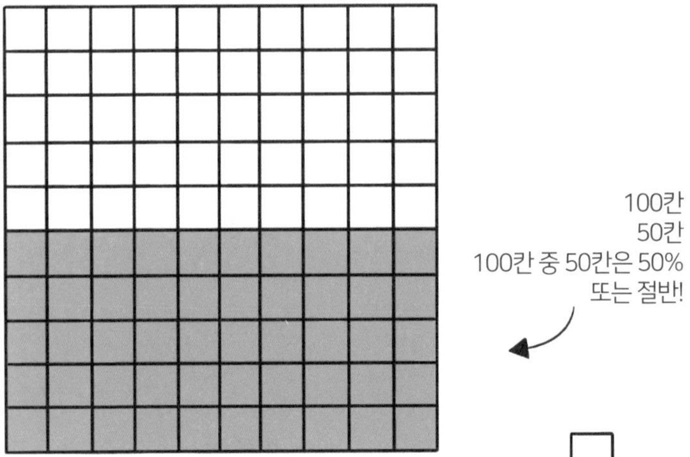
100칸
50칸
100칸 중 50칸은 50%
또는 절반!

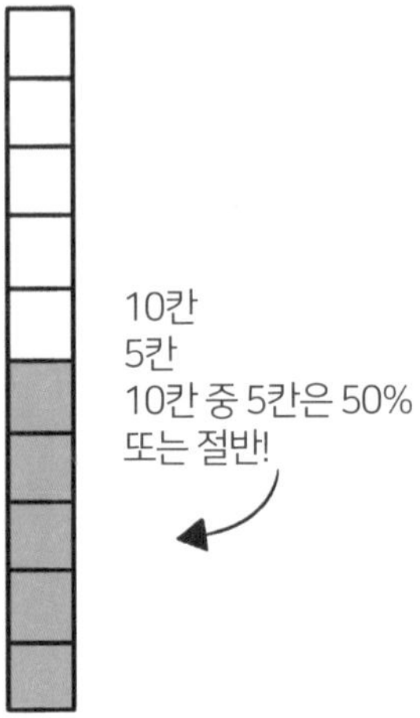
10칸
5칸
10칸 중 5칸은 50%
또는 절반!

이러한 예는 그다지 까다롭지 않지만, 혼란스러운 문제들도 있어요. 그 문제들을 쉽게 풀기 위해 시도해볼 만한 기발한 방법도 있고요.

트릭!

친구들! 놀라지 말고 들어요. 10의 50퍼센트와 같은 어떤 비율은 반대로 해도 똑같아요! 즉, 10의 50퍼센트는 50의 10퍼센트와 동일해요.

생각해봐요!

우리가 해결해야 할 문제가 있어요. 50의 30퍼센트는 얼마일까요? 어려운가요? 그럴 땐 서로 바꿔보아요. 감이 잡히나요? 50의 30퍼센트는 30의 50퍼센트와 같아요. 50퍼센트는 절반이죠. 그러니까 답은 30의 절반, 결국 15가 정답이에요.

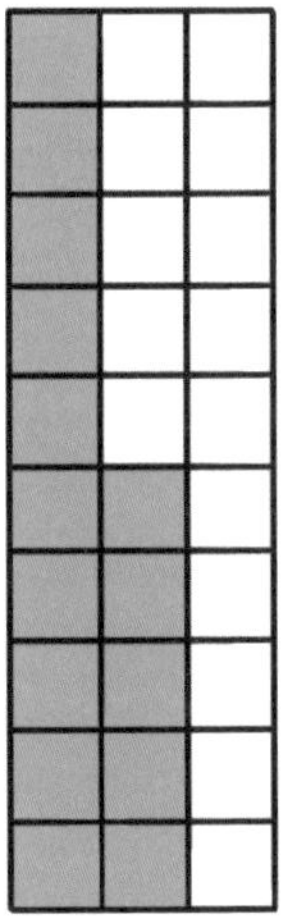

30의 50%는 15이고
50의 30%도 15입니다!

여기 또 다른 문제가 있어요.

75의 4퍼센트요? 이것은 4의 75퍼센트와 같아요.
75퍼센트는 3/4이고, 4의 3/4은 3이에요.
그래서 75의 4퍼센트는 3이랍니다!

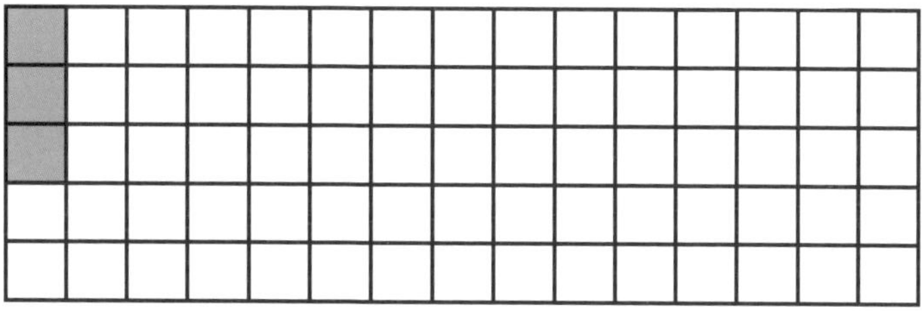

어떻게 된 걸까요?

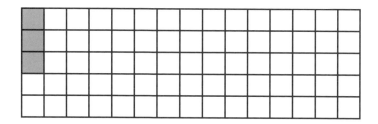

혹시 이 트릭이 마법 같은가요? 그리 이상하지는 않지요?
두 숫자를 곱할 때, 그 둘을 바꿔도 별 문제가 없잖아요.

예를 들어 4×3은

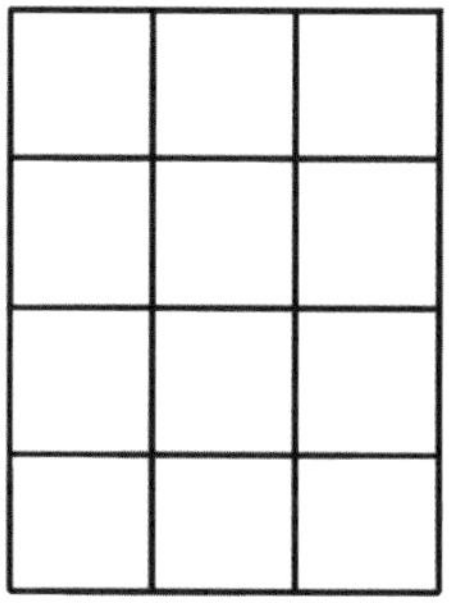

3×4와 똑같아요.

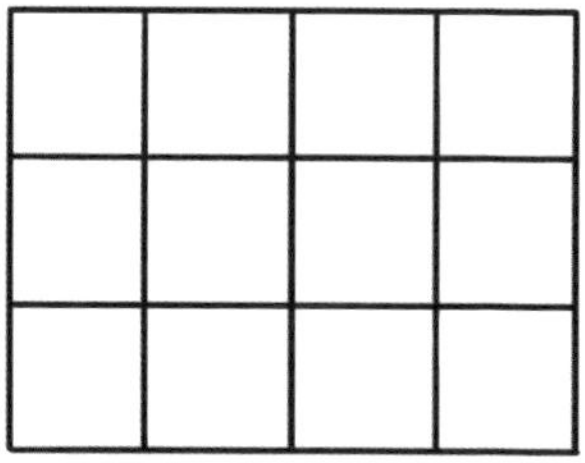

둘 다 똑같은 식이고 둘 다 12가 답이에요.
퍼센트는 실제로 곱하기의 한 종류예요. 퍼센트만큼 숫자에 곱하는 거죠.
예를 들어 50퍼센트는 절반이에요. 이것을 0.5라고도 쓸 수 있어요. 0.5×10은 10×0.5와 같아요.
그리고 10의 50퍼센트는 50의 10퍼센트와 같아요!

신기한 착시

여기 친구들을 감쪽같이 속일 수 있는 근사한 착시 현상이 두 가지 있어요.
착시현상은 우리의 눈에만 관련된 것이 아니에요. 그것들 중 일부는 숫자
그리고 우리의 뇌가 크기와 모양과 거리를 추정하는 방식과 관련 있어요. 한 번 해볼까요!

가운데는 어디일까요?

트릭!

이 그림을 봐요. 가운데에 뭐가 있지요?
오른쪽에 있는 점이라고 생각하겠지만,
틀렸을 거예요!

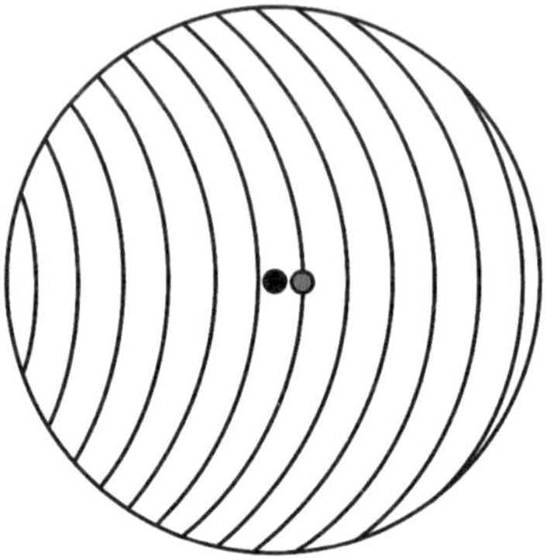

어떻게 된 걸까요?

이러한 착시는 우리의 뇌가 공간과 거리를 지각하는 감각을 속여요. 원의 중앙이 어디인지 추측하기 위해서, 우리는 원 주변으로 같은 양의 공간이 있는 지점을 찾으려고 노력할 거예요.

그렇지만 착시로, 곡선들은 원의 왼편에 있는 공간을 더 작아 보이게 만들어요. 우리의 뇌가 원의 가운데를 실제보다 더 오른쪽에 있는 것으로 생각하는 이유죠!

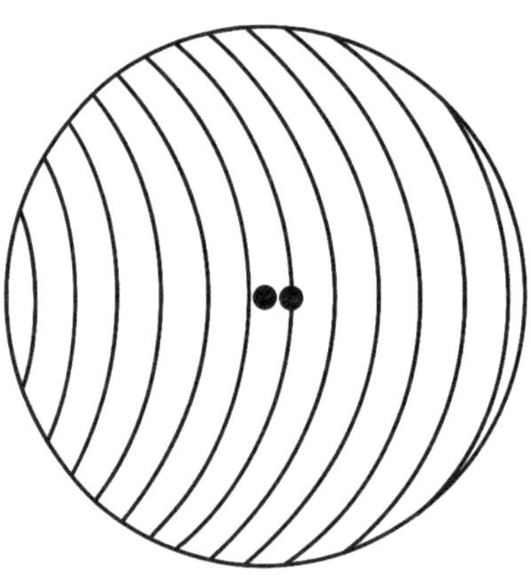

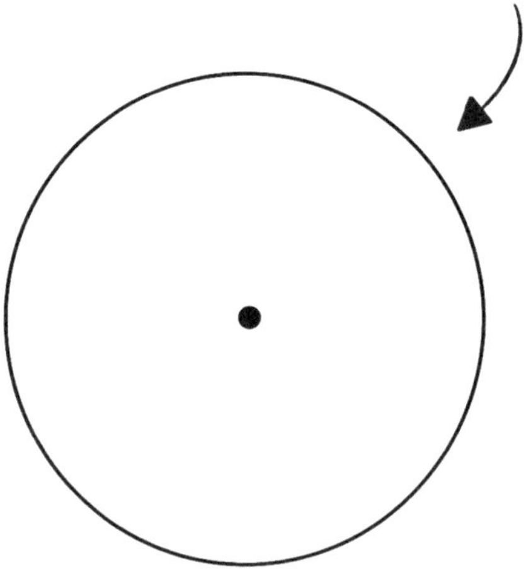

더 클까요 아니면 더 넓을까요?

트릭!

a) 모자의 너비보다 높이가 더 길까요?
b) 모자의 높이보다 너비가 더 길까요?

사실, 모자의 높이와 너비는 똑같아요! 하지만 대부분의 사람들은 이 모자를 너비보다 높이가 훨씬 더 길다고 느껴요.

어떻게 된 걸까요?

우리의 뇌는 보통 수직 거리를 같은 너비의 수평 거리보다 더 길게 봐요. 우리가 2개의 눈을 가지고 있기 때문이에요. 즉, 우리가 세상을 보는 관점이 넓은 타원형이기 때문일 수 있어요.

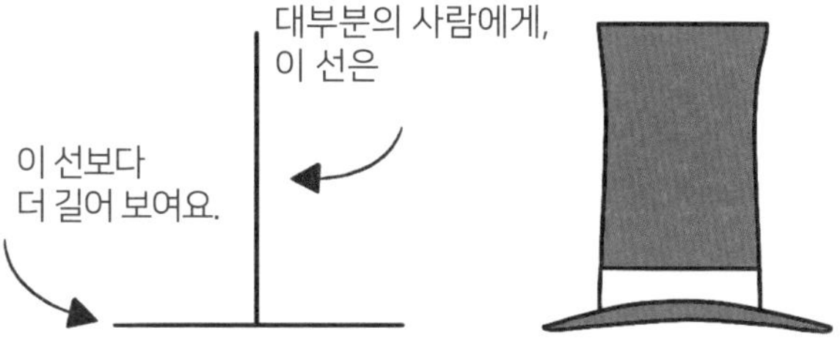
대부분의 사람에게,
이 선은
이 선보다
더 길어 보여요.

비록 두 선의 길이는 똑같지만요.

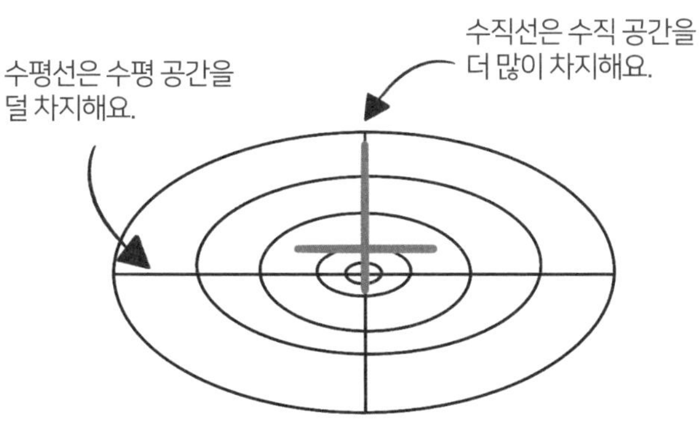
수직선은 수직 공간을
더 많이 차지해요.
수평선은 수평 공간을
덜 차지해요.

따라서 수직선이 더 길어 보일 수 있어요.
하지만 아무도 그 이유를 확실히 알지 못해요.

생각해봐요!

줄이 그어지지 않은 종이에 자를 쓰지 않고 완벽한 정사각형을 그리려고 노력함으로써 이러한 이론을 시험할 수 있어요. 그린 다음에 재보면 대부분은 정사각형을 너무 넓게 그려요, 왜냐하면 실제보다 높이가 길어 보이기 때문이죠!

완벽한 원근법

아이들이 처음 그림을 그리기 시작하면 다음과 같은 집을 그릴 수 있어요.

그러나 화가는 이렇게 훨씬 더 입체적이고 사실적으로 보이는 집을 그리죠. 그들은 원근법으로 알려진 깊이감과 거리감을 가지고 있거든요.

그렇다면 화가들은 어떻게 사물을 3차원의 형태로 입체적으로 표현할까요?
연필을 잡고, 이 간단한 기술을 직접 시도해봅시다!

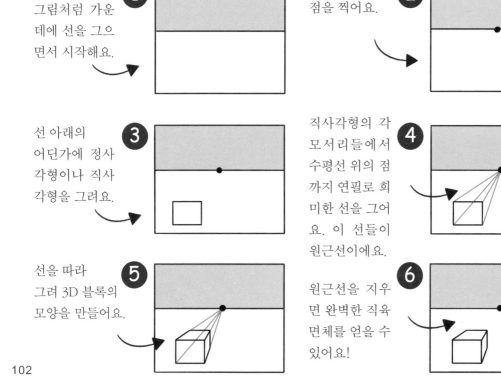

트릭!

1 빈 종이에 그림처럼 가운데에 선을 그으면서 시작해요.

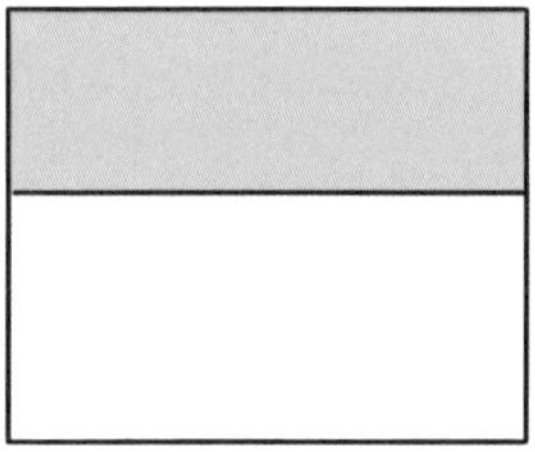

2 선의 중간쯤에 점을 찍어요.

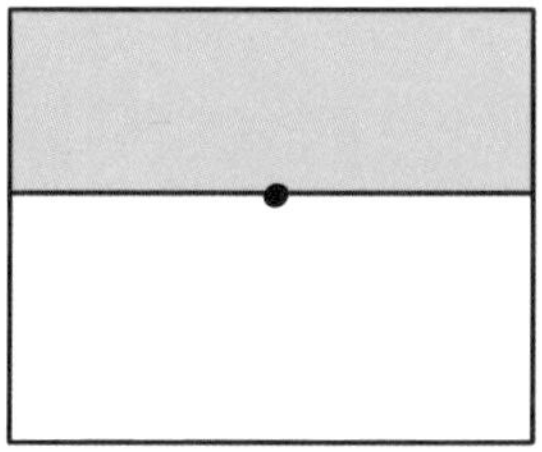

3 선 아래의 어딘가에 정사각형이나 직사각형을 그려요.

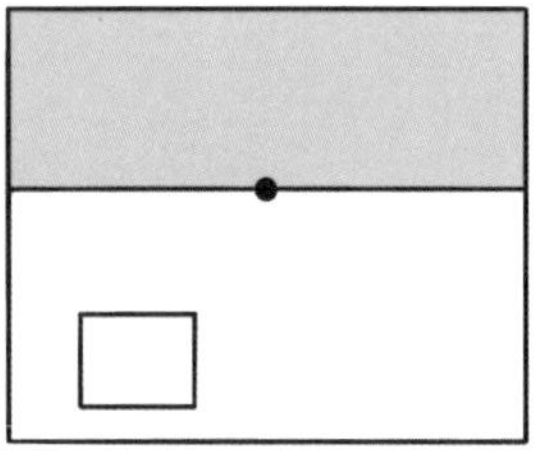

4 직사각형의 각 모서리들에서 수평선 위의 점까지 연필로 희미한 선을 그어요. 이 선들이 원근선이에요.

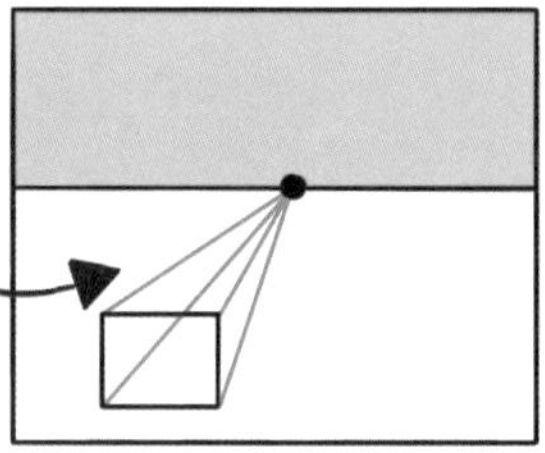

5 선을 따라 그려 3D 블록의 모양을 만들어요.

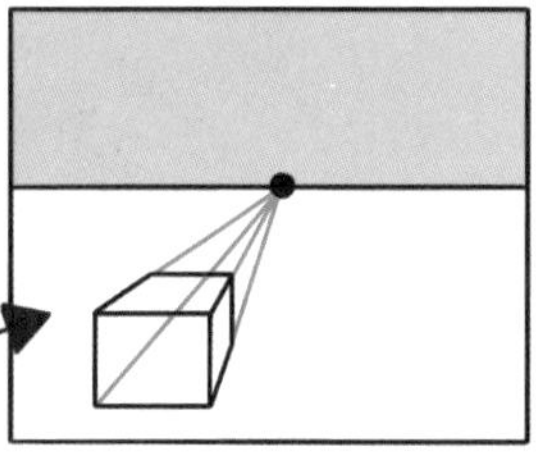

6 원근선을 지우면 완벽한 직육면체를 얻을 수 있어요!

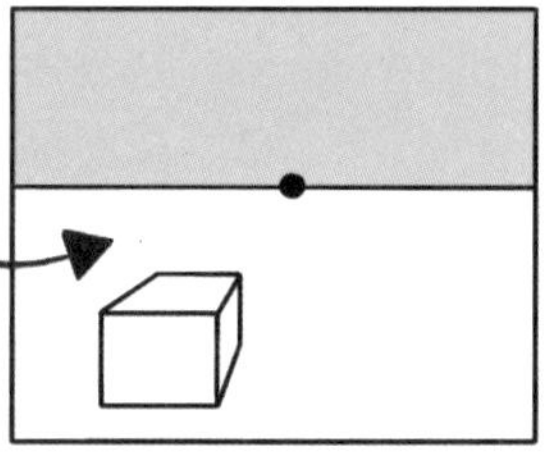

동일한 방식으로 원하는 수의 블록들을 그리고, 세부 사항들을 추가하여 건물이나 가구 또는 다른 물건들을 만들 수 있어요.

어떻게 된 걸까요?

우리는 현실 세계에서 사물을 입체적으로 봐요. 우리로부터 멀리 떨어진 물체일수록, 더 작아 보이죠. 그리고 상당히 멀리 떨어져 있다면, 사라진 것처럼 보일 수도 있어요. 예를 들어, 우리가 곧바로 뻗은 거리에서 서서 멀리 들여다보면, '소실점'이라고 불리는 한 지점으로 사라질 거예요.

점과 원근선을 사용하면 이러한 효과를 재현시켜 그림을 3D처럼 보이게 할 수 있어요!

바로 이거예요!

이렇게 2개의 소실점을 가지고 원근법 그림을 그릴 수도 있답니다. 한번 해봐요!

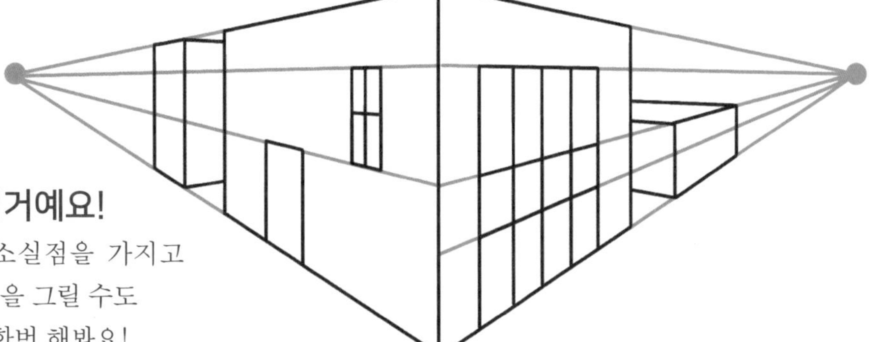

평균적 진리

이 신기한 트릭은 모르는 숫자를 추측하는 방법이에요. 내 가족이나 학교 수업처럼 참여할 사람이 많을 때 가장 효과적이에요. 이것은 단지 흥미로울 뿐 아니라 언젠가 실제로 쓸모가 있을 수 있어요!

트릭!

이 기술을 사용하려면 구슬이나 단추 같은 비슷한 크기의 작은 물건이 많이 필요해요. 그것들을 넣을 만한 투명한 병이나 용기도 필요하고요.

유리병이나 용기에 구슬 같은 물건들을 채우고 모두에게 이런 물건들이 몇 개나 들어 있을지 맞혀보게 해요. 그들은 누구에게도 자신들이 얼마를 썼는지 말하지 말고 (그래야 서로 베끼지 않죠!) 추측한 수를 적어야 해요.

이런 그림 속 구슬들이 효과가 좋아요.

이제 추측된 모든 수를 모아, 다음과 같이 목록으로 기록해요.

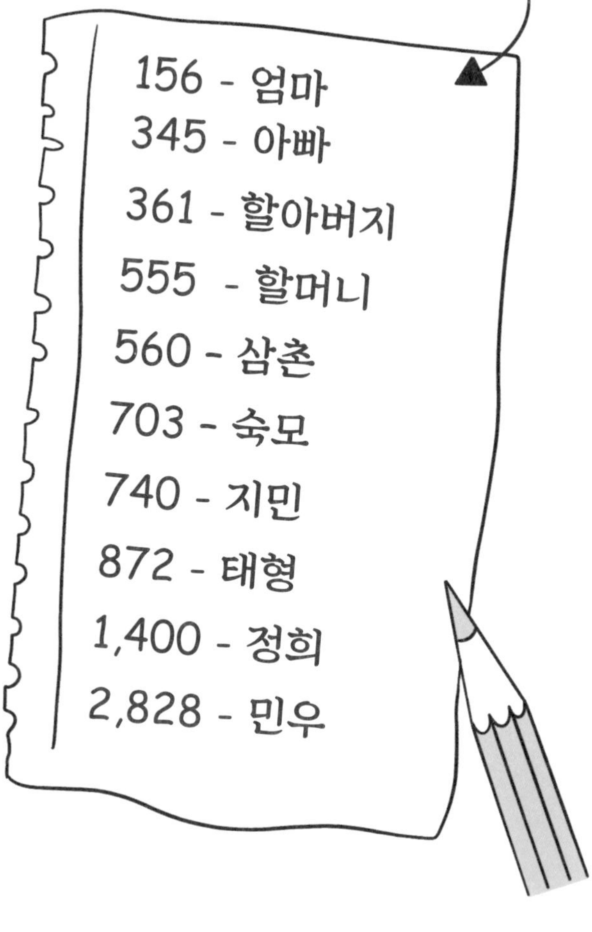

우리가 작성한 목록에 얼마나 많은 추측이 있는지 세어볼까요, 예시에서는 10개의 추측이 있네요. 그럼, 계산기를 사용하여 추측된 모든 숫자를 더해요.

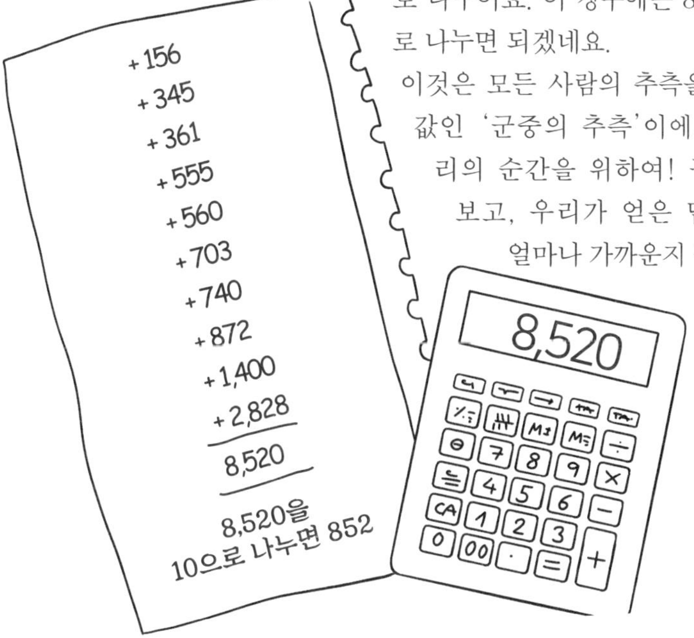

모든 수를 더한 결과를 10개의 추측 수로 나누어요. 이 경우에는 8,520을 10으로 나누면 되겠네요.

이것은 모든 사람의 추측을 합친 평균값인 '군중의 추측'이에요. 이제 진리의 순간을 위하여! 구슬을 세어 보고, 우리가 얻은 답이 정답에 얼마나 가까운지 볼까요.

어떻게 된 걸까요?

만약 효과가 있다면, '군중의 추측'이 꽤 효과적이라는 의미겠죠! 이 트릭은 '군중의 지혜'라고 불려요. 많은 사람이 숫자를 추측해도 그들 대부분은 틀릴 거예요. 그러나 그들이 추측한 수를 평균 내면 아마 정답에 가까울 거예요.

바로 이거예요!

천재 수학자 프랜시스 골턴이 1906년, 황소의 무게를 추측하는 대회가 열렸던 영국 시골 박람회에서 발견한 트릭이에요.

완벽한 오각형

오각형은 5개의 곧은 변을 가진 도형이에요. 정오각형 또는 완벽한 오각형에서, 다섯 변의 길이는 모두 같고, 모서리의 각도도 모두 같아요.

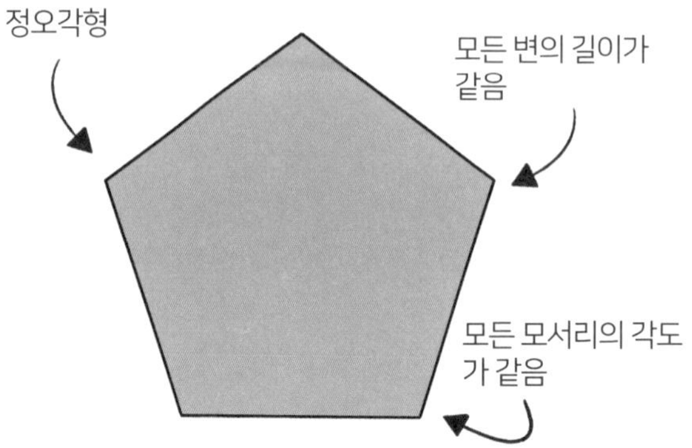

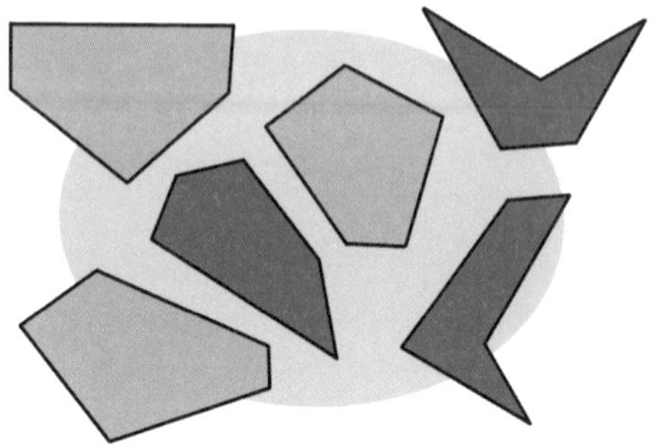

그러나 이러한 것들도 역시 모두 오각형이에요.

오각형은 까다로운 도형이에요. 사각형, 삼각형, 육각형은 친숙하고 그리기가 쉽지만, 오각형은 그리기가 훨씬 어렵지요. 그래서 만약 종이로 위와 같은 완벽한 오각형을 접으라고 한다면, 그것은 거의 불가능하다는 거예요! 어떻게 되는지 직접 해봐요.

트릭!

겁내지 말아요! 유사시에 완벽한 오각형이 필요하다면, 실제로 몇 초 안에 만들 빠르고 쉽고 기발한 트릭이 있으니까요!

우선, 종이 가장자리를 직선으로 깔끔하게 측정해서 잘라요. 폭은 아무래도 좋지만 3이나 4센티미터의 너비가 시작하기에 가장 쉬워요.

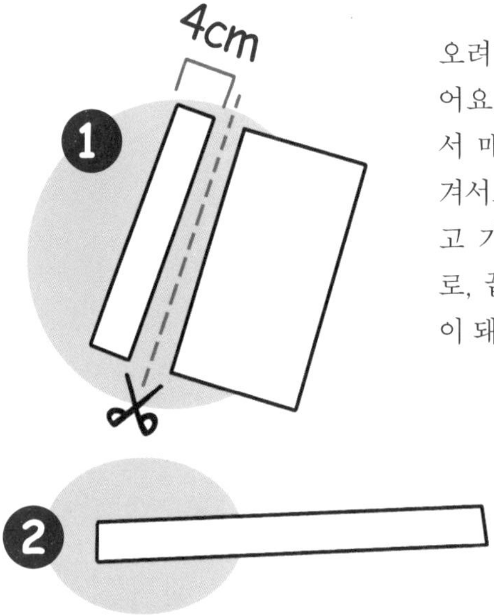

오려낸 긴 종이를 조심스럽게 묶어요. 종이를 평평하게 유지하면서 매듭이 생길 때까지 양끝을 당겨서요. 이제, 매듭을 평평하게 하고 가장자리를 접어요. 마지막으로, 끝을 잘라내면 완벽한 오각형이 돼요!

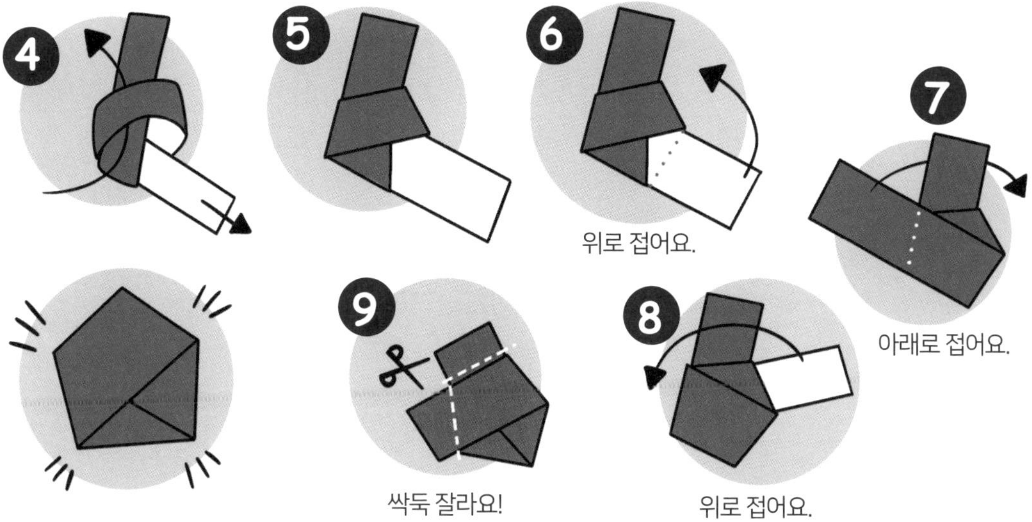

어떻게 된 걸까요?

매듭을 만들려면 종이가 108도로 접혀야 하기에, 이 트릭이 효과가 있는 거랍니다. 이것은 완벽한 오각형 모서리들에서 발견되는 각도와 똑같아요. 이제 바라는 수만큼, 크거나 작은 오각형을 얼마든지 만들 수 있어요!

바로 이거예요!

사각형 종이를 접어서 완벽한 오각형을 만드는 것은 실제로 가능해요. 하지만 어렵고 시간도 많이 걸리죠. 아마 종이접기 전문가가 되어야 할 걸요.

파티 모자

이 모자 트릭은 간단해 보이지만, 우리를 생각하게 만들어요! 다음의 문제를 풀어보거나, 친구들에게 직접 시도해봐요. 그러려면 알맞은 모자들이 있어야겠지요!

트릭!

해티 헥사곤 교수가 생일 파티를 열고 있어요. 그녀는 손님들과 게임을 하기로 했어요. 그녀는 마리암과 테리에게 서로 마주보고 앉으라고 말한 다음, 자신이 갖고 있는 3개의 파티용 모자들을 보여줘요. 빨간색 모자 2개, 검은색 모자 1개.

그런 다음 그녀는 그들에게 눈을 감으라고 말하고, 2개의 빨간색 모자를 그들의 머리에 씌워줘요. 그들이 볼 수 없도록 검은 모자는 숨기고요.

마리암과 테리는 눈을 떴을 때, 서로의 모자를 볼 수는 있지만 자신들의 모자는 볼 수 없어요. 그들은 자신이 어떤 모자를 썼는지 추측해야 하지만, 서로 말을 하거나 어떠한 질문도 해서는 안 돼요. 먼저 맞춘 사람이 승자랍니다! 마리암과 테리는 서로를 바라보며 잠시 생각해요. 그러다가 갑자기 외치죠. "내 모자는 빨간색이야!" 그들이 어떻게 알았을까요?

어떻게 된 걸까요?

마리암은 테리가 빨간색 모자를 쓰고 있음을 알았어요. 이는 그녀의 모자가 빨간색이거나 검은색일 수 있다는 의미죠. 왜냐하면 빨간색 모자 2개와 검은색 모자 1개로 시작했으니까요. 하지만 영리한 마리암은 만약 자신이 검은색 모자를 쓰고 있었다면 테리가 빨간색 모자를 썼다고 즉시 소리쳤을 것이라는 점을 깨달았어요. 검은 모자는 단 하나였으니까요. 그것은 결국 그녀가 빨간 모자를 쓰고 있다는 사실을 의미해요! 테리도 똑똑하네요. 그도 정확히 동시에 똑같은 사실을 알아냈어요. 무승부네요!

바로 이거예요!

이 게임은 3명 이상의 사람, 3개 이상의 다른 숫자와 다른 색깔의 모자가 있어야 가능해요. 한 번 해봐요, 무슨 일이 일어날까요?

포률러의 양

이번 양 우리 퍼즐은 우리가 먼저 해본 다음, 친구들에게도 내보아요!

포률러는 자신의 24마리의 양을 사랑해요. 그는 양들을 자신의 농가 주변에 설치된 8개의 우리에 놔둬요. 그 농가는 각 벽마다 창문이 하나씩 있어요. 포률러는 어느 창문에서 보든 항상 9마리의 양을 볼 수 있도록 양을 배치해놓았어요.

그런데 포률러의 생일날, 친구 프랙션이 그에게 새 양을 선물로 주었어요. 포률러는 생각에 잠겼어요.

'흠, 새로운 양을 8개의 우리 중 한 곳에 넣어야만 해. 그렇지만 각 창문을 통해 여전히 9마리의 양들만 보고 싶은데….' 그는 이 문제를 어떻게 처리할 수 있을까요?

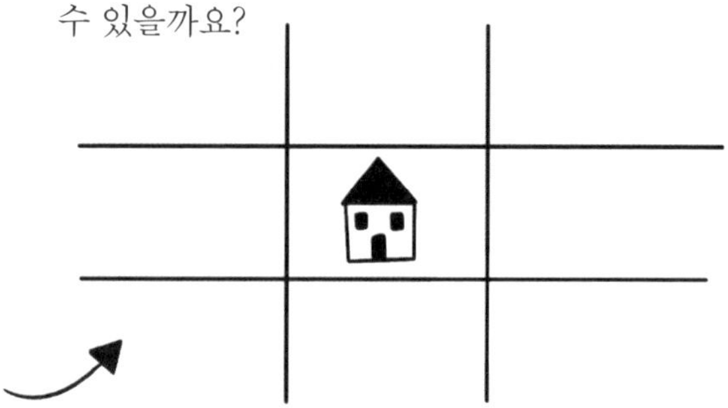

정답을 알아내기 위해 종이 위에 다음과 같이 양 우리를 그려봐요.

어떻게 된 걸까요?

해결될 수 있어요! 물론 다른 양들도 일부 옮겨야 하죠. 여기 가능한 답이 하나 있어요. 물론 다른 답들도 있을 수 있어요.

그리고 양 1마리를 이쪽 우리에서 이쪽 우리로 옮겼어요.

포률러는 선물받은 양을 이 우리에 넣었어요.

프랙션의 돼지

트릭!

한편, 프랙션 역시 동물을 우리에 넣는 문제를 풀어야 해요. 그녀는 9마리의 돼지를 각 우리에 홀수로 넣기를 원해요. 그런데 돼지우리는 4개예요.

어떻게 해야 할까요?

그 방법을 알아내려면 우선 종이 위에 돼지우리와 돼지 들을 그려야 해요.

어떻게 된 걸까요?

프랙션은 잠시 고민한 후, 기발한 해결 방법을 떠올렸어요. 우선 3개의 우리에 각 3마리씩 돼지를 넣어요.

그런 다음 3개의 우리를 모두 감싸도록 그 주변에 네 번째 우리를 만들어요!
그 우리에는 9마리의 돼지가 들어가니까 역시 홀수가 되는 거죠.

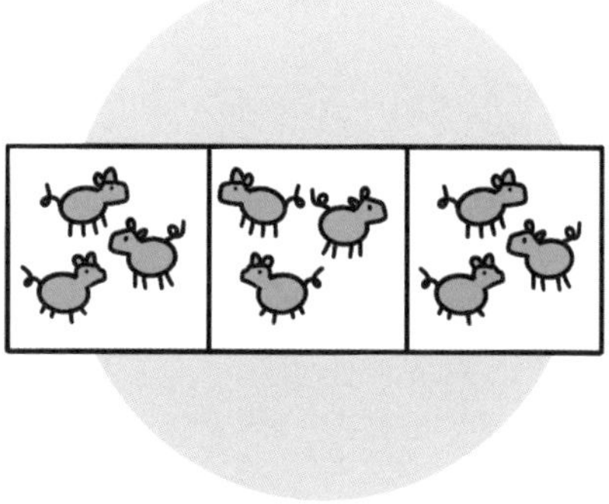

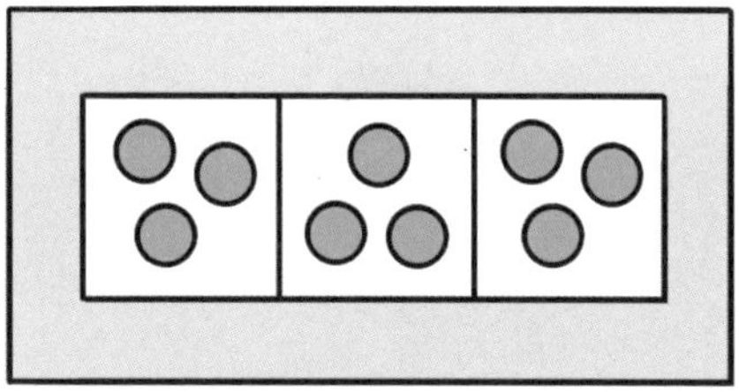

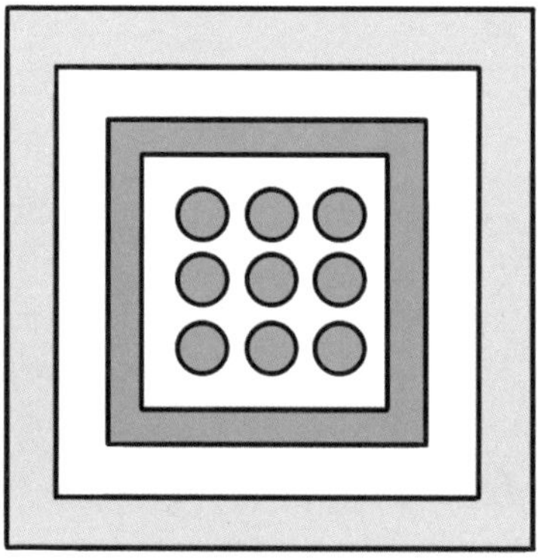

다른 방법으로도 해결할 수 있겠지요!

또 다른 좋은 방법을 생각해봐요.

케이크 자르기

애더, 앨버트, 앨런은 파티 중이에요! 그들은 케이크를 먹을 거예요

트릭!

여기 친구들에게 시도해볼 과제가 있어요. 나중에 해결 방법을 들으면 그들은 스스로에게 화를 낼지도 몰라요!

8명의 수학자가 파티를 하고 있어요. 그들은 모두 케이크 한 조각을 원해요. 이때 모든 케이크 조각은 크기와 모양이 같아야 해요. 진정해요, 답을 생각해 낼지도 모르니까!

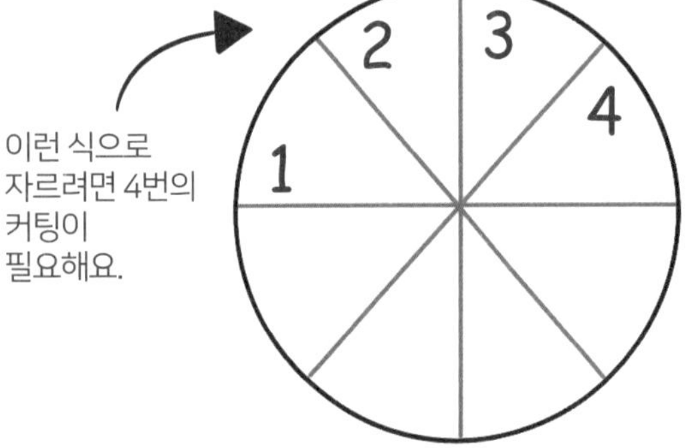

그런데 그들은 스스로에게 과제를 부과했어요. 케이크를 똑같이 8조각으로 잘라야 하지만, 총 3번만 잘라야 한다는 거예요. 옆의 그림처럼 똑같이 8조각으로 자르려면, 4번을 잘라야만 할 거예요. 어떻게 단 3번으로 그렇게 할 수 있을까요?

어떻게 된 걸까요?

혹시 알아냈나요? 답은 간단해요. 그냥 측면으로 생각하기만 하면 돼요! '측면'은 '옆'이라는 뜻이에요. 그게 바로 그들이 케이크를 자른 방법이랍니다.

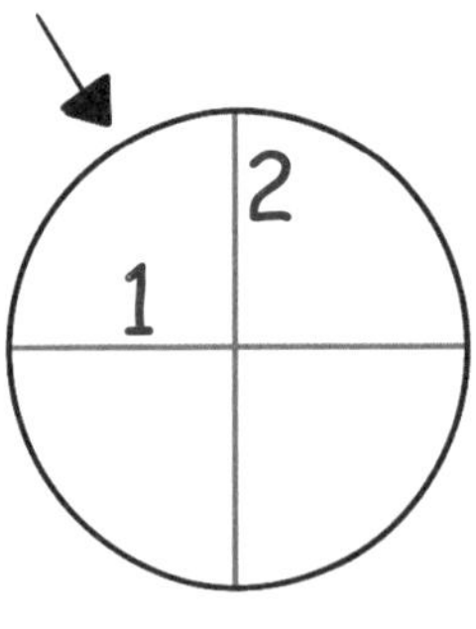

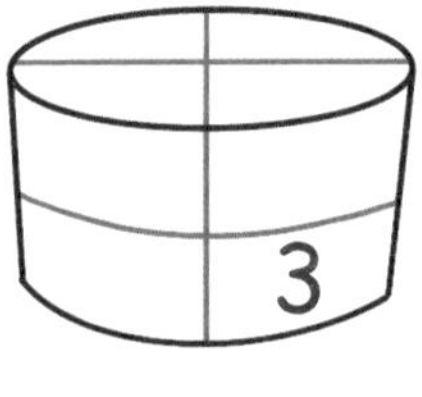

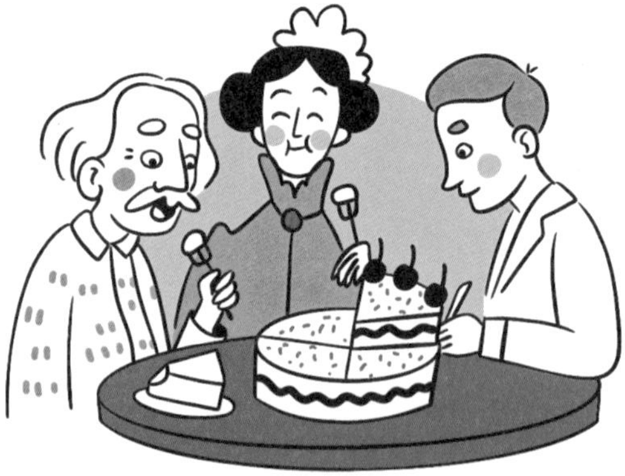

누가 열기구를 탔나요?

여기, 친구들을 당황하게 만들, 머리 쓰는 문제가 또 있어요!

트릭!

밀리 매쓰버거가 빌의 벌룬 여행사에 전화를 걸어 그녀의 가족이 탈 열기구 여행을 예약하고 있어요. 밀리는 가족에 대해 다음과 같이 말해요.

"세 명의 어머니, 다섯 명의 딸, 한 명의 할머니, 세 명의 손녀, 네 명의 자매, 세 명의 사촌이 있어요."

"아, 이런, 유감스럽게도 열기구에는여섯 명만 탈 수 있어요."

빌이 대답했지요.

"괜찮아요, 딱 알맞을 거예요!"라고 밀리가 말했고요.

어떻게 된 걸까요?

밀리의 가족이
대가족인 것처럼 들렸겠지만,
다시 생각해봐요!

이들의 관계를
곰곰 따져봐요.

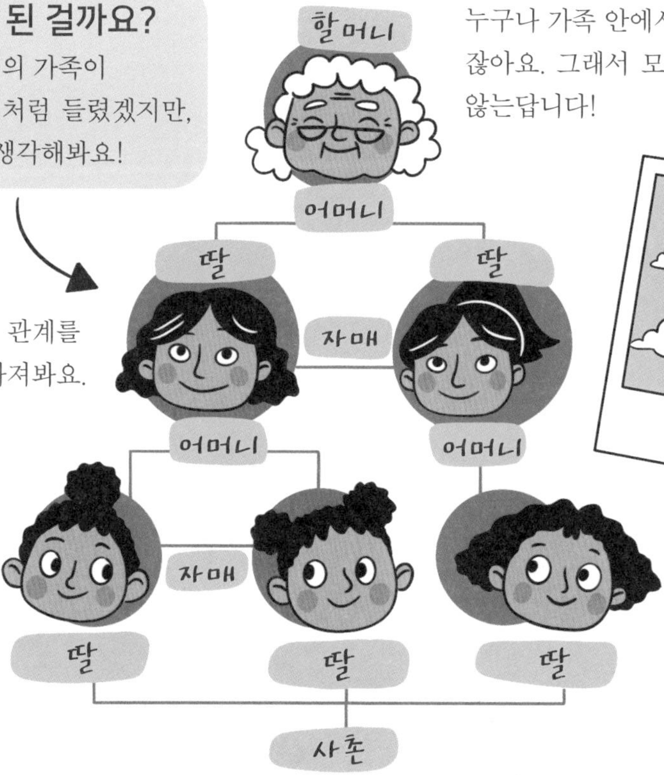

누구나 가족 안에서 여러 역할을 가지고 있잖아요. 그래서 모두 합쳐서 6명밖에 되지 않는답니다!

동전의 앞면과 뒷면 트릭

이 놀라운 트릭으로 청중을 놀래켜봐요!
우선, 누군가에게 눈가리개를 씌워달라고 부탁하고, 우리 앞에 동전 3개를 놓아요.

이제 동전들을 뒤집어서 앞면과 뒷면이 나오는 한 줄로 만들라고 해요. 모든 동전이 앞면이거나 뒷면만 아니라면, 어떤 패턴도 괜찮아요. 예를 들어, 그림과 같이 동전을 배열할 수 있어요.

이제 우리는 동전을 보지 않고도 단 세 동작만으로 동전들의 면이 다 똑같이 나오도록 돌려놓을 거예요! 동전을 만져서 부정행위를 하지 않음을 증명하기 위해, 동전을 뒤집어달라고 요청해요.

트릭!

방법은 이렇습니다. 우리는 열심히 생각하고 있다는 듯이 머리를 움켜쥐면 돼요. 그런 다음 줄의 첫 번째 동전을 뒤집어달라고 부탁해요.

만약 동전들의 면이 모두 똑같아진다면, 그들은 놀랄 거예요! 그런 반응이 아니라면, "아직 해야 할 일이 있어!"라고 말하고요. 동전에 집중한 다음, 두 번째 동전을 뒤집어달라고 해요.

만약 동전들의 면이 모두 똑같다면, 인사를 하면 끝! 그렇지 않다면 "이것은 까다로운 도전이죠. 세 번째이자 마지막 수를 써야 할 것 같습니다!"라고 말해요. 중요한 결단을 내리기 위해, 두뇌능력을 소환하는 것처럼 행동하고요. 그런 다음 그들에게 다시 첫 번째 동전을 뒤집어달라고 하면 돼요.

어떻게 된 걸까요?

이 멋진 트릭은 동전들이 단지 6개의 패턴만 가능하기 때문에 효과가 있으며, 우리의 전략은 모든 패턴에 통할 거예요.

만약 이러한 두 패턴 중 하나라면, 첫 번째 동전을 뒤집는 것이 효과가 있어요.

만약 이러한 두 패턴 중 하나라면, 첫 번째 동전과 두 번째 동전을 뒤집는 것이 효과가 있어요.

그리고 이러한 두 가지 패턴 중 하나라면, 첫 번째 동전, 두 번째 동전 그리고 다시 첫 번째 동전을 뒤집어야 해요!

가짜 골라내기

이 뛰어난 동전 트릭은 우리의 친구들을 혼란스럽게 만들 거예요.
실제 동전은 필요하지 않아요. 단지 마음의 힘만 있으면 돼요! 도전 과제는 다음과 같아요.

9개의 금화가 있어요. 아니 최소한, 그렇게 보여요. 하지만, 그것들 중 하나는 가짜이며 진짜 금화들보다 약간 무게가 덜 나가요.

동전의 모양이나 감촉으로는 이상한 것을 골라낼 수 없지요. 오로지 다음과 같은 구식 저울 세트로 무게를 측정해야만 구별할 수 있어요. 그런데 저울은 총 2번만 사용할 수 있어요. 어떤 것이 가짜 동전인지 어떻게 알아낼 수 있나요?

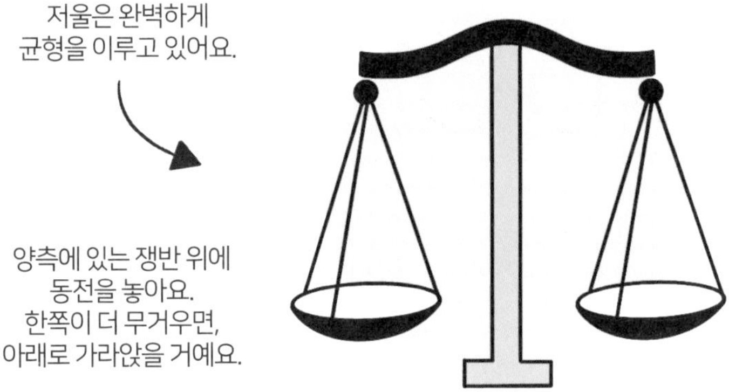
저울은 완벽하게
균형을 이루고 있어요.
양측에 있는 쟁반 위에
동전을 놓아요.
한쪽이 더 무거우면,
아래로 가라앉을 거예요.

트릭!

모든 동전을 일일이 비교할 수도 있겠지만, 그렇게 되면 분명히 2번 이상 시도해야 할 거예요.
다행히, 해결책이 있어요.
먼저 9개의 동전을 3개의 더미로 나눠요.

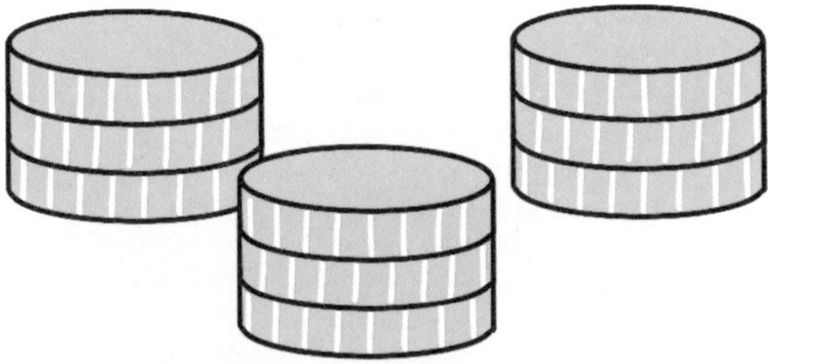

1 한 무더기는 따로 두고, 나머지 두 무더기를 저울 위에 놓아요.

3 만약 한 동전이 더 가볍다면, 그것이 가짜예요. 둘의 무게가 똑같다면, 재지 않은 다른 동전이 가짜예요!

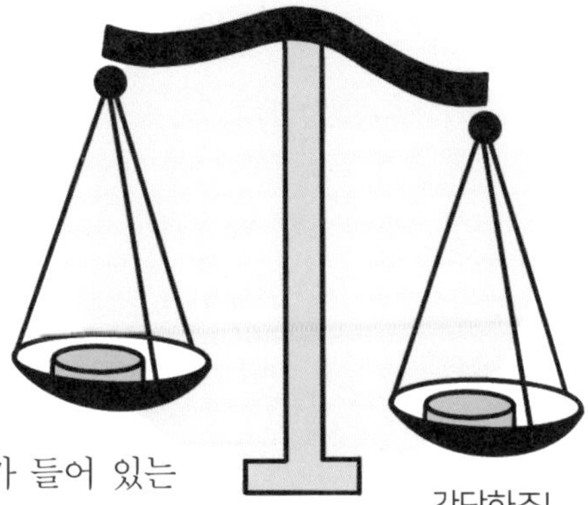

2 한 무더기가 더 가벼우면 그 무더기 안에 가짜가 들어 있는 거예요. 만약 두 무더기의 무게가 같다면, 무게를 재지 않은 더미에 가짜가 포함되어 있는 거예요. 이제 가짜가 들어 있는 더미를 가지고 그 과정을 반복하기만 하면 돼요. 한 동전은 따로 두고, 나머지 두 동전을 저울 위에 놓아요.

어떻게 된 걸까요?

동전을 3개의 동일한 그룹으로 나눌 수만 있다면, 이러한 방법으로 가장 가벼운 그룹을 찾을 수 있어요. 그래서 동전이 3개라면, 저울을 1번만 사용하면 돼요. 동전이 9개가 있다면 저울을 2번 사용해야 해요.

저울을 3번 사용할 수 있다면 어떨까요? 27개의 동전 중에서 가짜를 찾을 수 있어요!

점 이어그리기

여기 친구들을 속이기 위해 고안된 간단한 선 그리기 도전과제가 있어요.

트릭!

먼저, 그림과 같이 점 9개를 그려요. 종이에서 연필을 떼지 않고, 모든 점이 통과하도록 4개의 직선을 그려야 해요. 종이를 접어도 안 돼요!

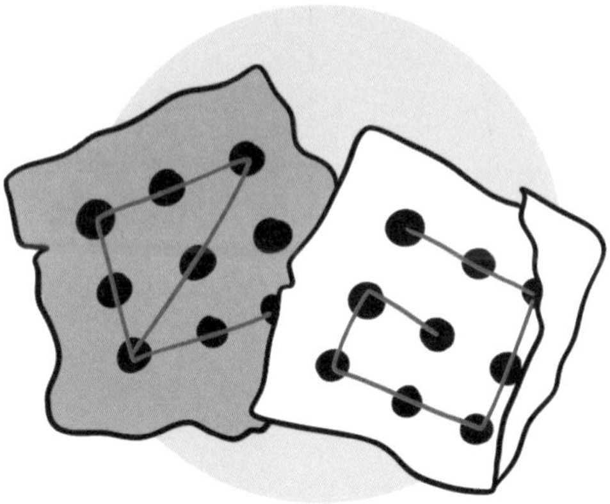

보통 5개의 선 이하로는 안된다고 생각하는 경우가 많아요. 하지만 우린 할 수 있어요.

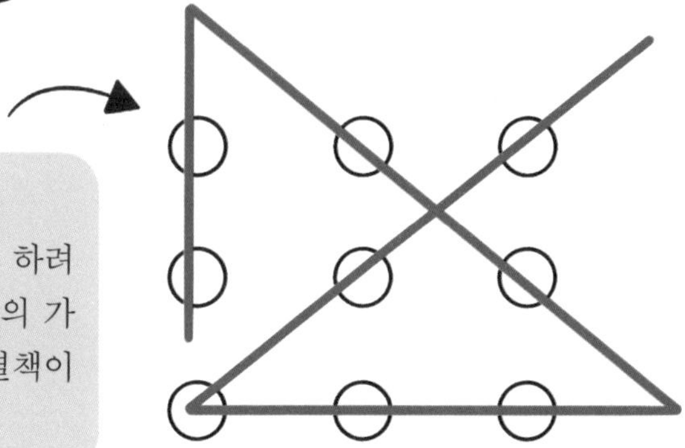

어떻게 된 걸까요?

우선, 고정관념에서 벗어나야 해요! 제대로 하려면, 선을 더 길게 그리면 돼요. 선이 그리드의 가장자리를 벗어나지만요. 여기 한 가지 해결책이 있어요.

바로 이거예요!

우리가 정말 영리하다면,
단 3줄만으로도 할 수 있어요.
점들이 충분히 크면 도움이 돼요!

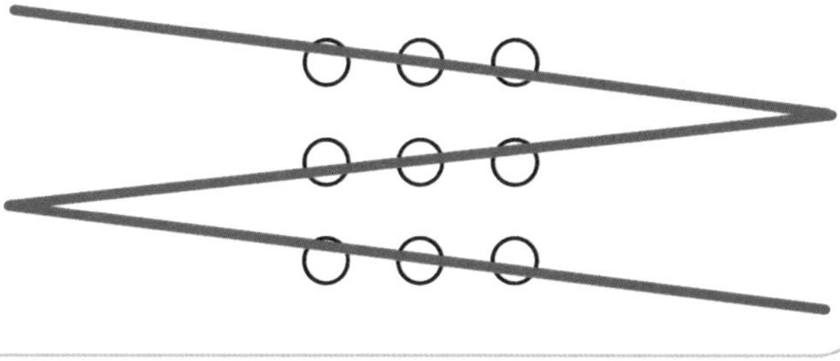

우물 밖으로

쥐 한 마리가 방금 끈적끈적하고 미끄러운 벽면을 가진 깊은 우물에 떨어졌어요.
다행히도, 쥐는 다치지 않았고 우물은 비어 있어요. 하지만 쥐는 밖으로 나와야만 해요!

트릭!

매분, 쥐는 벽에 있는 30개의 생쥐계단을 오를 수 있어요. 하지만 그후에는 멈춰서 1분을 쉬어야 하고, 다시 20개의 생쥐계단을 미끄러져요.

쥐가 우물 밖으로 나오는 데 몇 분이 걸릴까요? 그것을 제대로 맞히는지 지켜볼게요!

우물은 100개의
생쥐계단이 있는
깊이예요.

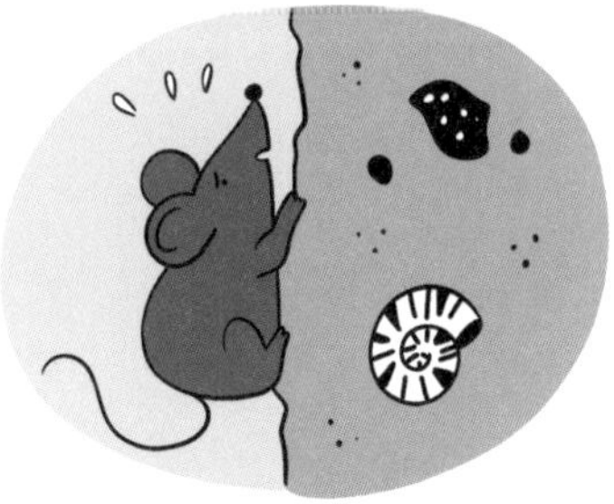

쥐가 20분이 걸릴 거라고 생각했나요? 아니면 정답을 맞혔나요?

어떻게 된 걸까요?

매 2분마다, 쥐는 30개의 생쥐계단을 오르고 20개의 생쥐계단을 떨어져요. 즉, 2분마다 10개의 생쥐계단을 오른다는 거죠. 그럼 100개의 생쥐계단을 오르는 데 20분이 걸릴까요? 아니죠. 일단 정상에 오르면, 쥐는 멈춰서 쉴 필요가 없는 걸요.
필요한 총 시간은 15분이에요!

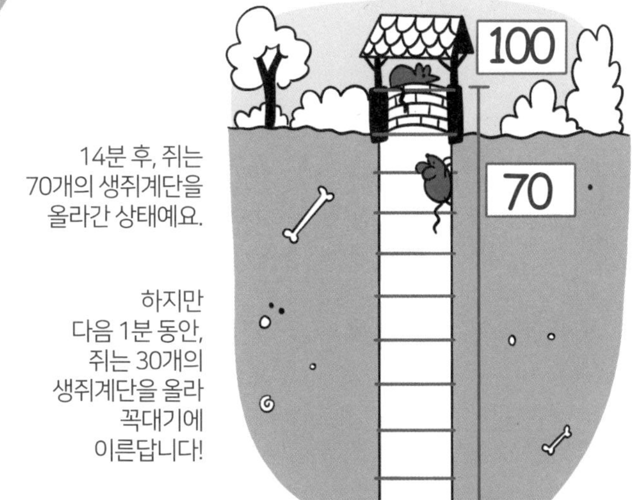

14분 후, 쥐는
70개의 생쥐계단을
올라간 상태예요.
하지만
다음 1분 동안,
쥐는 30개의
생쥐계단을 올라
꼭대기에
이른답니다!
100
70

4개 코인 서로 닿게 하기

이 트릭은 믿을 수 없을 정도로 간단해요. 친구들이나 가족들에게 해보라고 요청하면, 아마 “그건 쉽지!”라고 말할 거예요. 정말 그럴까요? 실제로 이 문제를 해결하는 데 얼마나 걸릴까요?

트릭!

똑같은 유형, 같은 크기의 동그란 동전 4개와 평평한 테이블이 필요해요. 모든 동전이 서로 닿도록 배열해야 해요. 즉, 각각의 동전은 다른 모든 동전과 닿아 있어야 해요.

4개의 동전을 어떤 방식으로 작동시켜야 할까요?

동전이 3개라면, 이것은 쉽죠.

각 동전이 다른 두 동전에 닿아 있으니까요.

각 동전이 다른 두 동전에만 닿고, 세 동전에 모두 닿지 않으면 소용 없어요.

이것도 틀렸어요! 좌우에 있는 동전들이 서로 안 닿아 있으니까요.

어떻게 된 걸까요?

그래서 불가능할까요? 당연히 그렇지 않죠! 모든 동전을 테이블 위에 납작하게 늘어놓지 말고, 다른 3개 위에 하나를 올려놓아요. 그러면 모든 동전이 서로 닿게 돼요!

5개 코인 수수께끼!

좋아요, 누군가가 쉽게 알아냈을 수도 있겠지요. 그렇다면 더 강력한 도전과제를 줄게요!

트릭!

이번에는 동전 5개로 똑같이 해야 해요. 4개 코인 버전처럼, 5개 동전들을 서로 닿게 놓을 수 있어요. 하지만 어떻게요?

어떻게 된 걸까요?

혹시 포기했어요? 안 돼요. 방법이 있는걸요.

1. 테이블 위에 동전 1개를 놓아요.

2. 그 위에 2개를 나란히 올려서 가운데가 닿도록 해요.

3. 마지막 2개의 동전을 맨 아래 동전의 빈 곳에 세우되, 그 위의 나머지 두 동전과도 닿도록 해요. 가운데가 닿도록 동전들을 기울여요.
어때요? 각각의 동전이 다른 모든 동전에 닿았지요!

패턴 채우기 도전

이 도전은 수학에서 가장 유명한 퍼즐 중 하나예요.
우선, 직접 시도해본 다음 친구들에게 불가능한 과제를 내주자고요.

트릭!

우선, 그림처럼 여러 모양으로 구성된 윤곽 패턴이 필요해요. 이러한 패턴들 중 하나를 종이에 복사해도 좋아요. 인터넷에서 찾아서 프린트해도 좋고요. 이 아프리카 지도처럼 많은 국가나 주를 보여주는 윤곽 지도를 선택하면 좋아요.

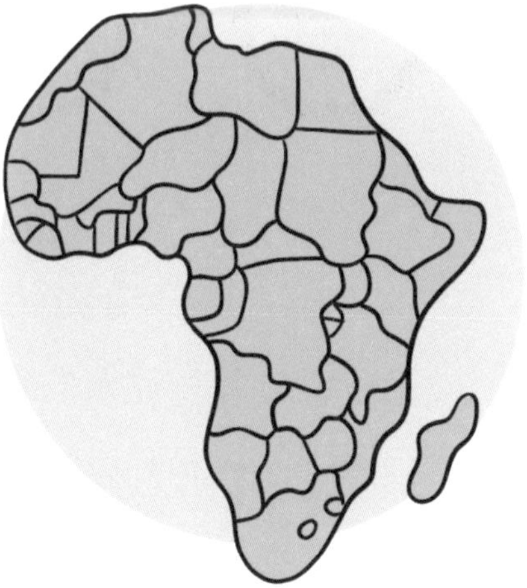

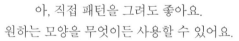

아, 직접 패턴을 그려도 좋아요.
원하는 모양을 무엇이든 사용할 수 있어요.

서로 다른 색조의 펜이나 마커를 사용하여 패턴의 모양을 채우는데, 같은 색조의 두 모양이 서로 이웃하지 않도록 하는 것이 도전 과제예요. 다음과 같이 서로 모서리 지점이 닿는 것은 괜찮아요. 그러나 선의 양쪽 면에 일치하는 색조를 쓰면 안 돼요.

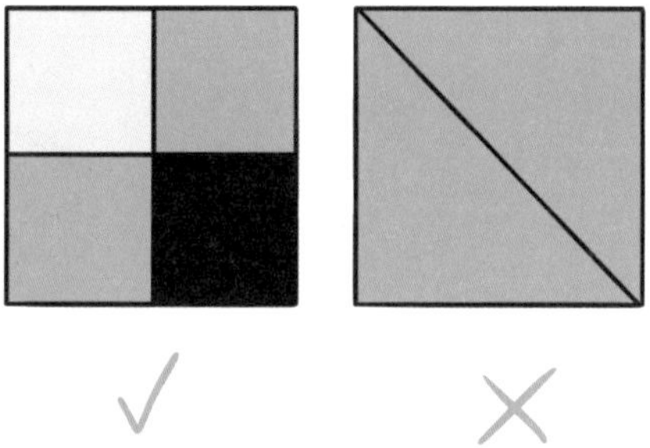

무엇보다 중요한 점은, 가능한 적은 수의 다른 색 펜을 사용해서 과제를 수행해야 한다는 점이에요. 도전을 완수할 수 있는 가장 적은 숫자는 무엇일까요?

Tip: 마커나 펜을 많이 가지고 있지 않다면, 색 대신에 줄무늬, 점, 지그재그와 같은 패턴을 사용해도 돼요.

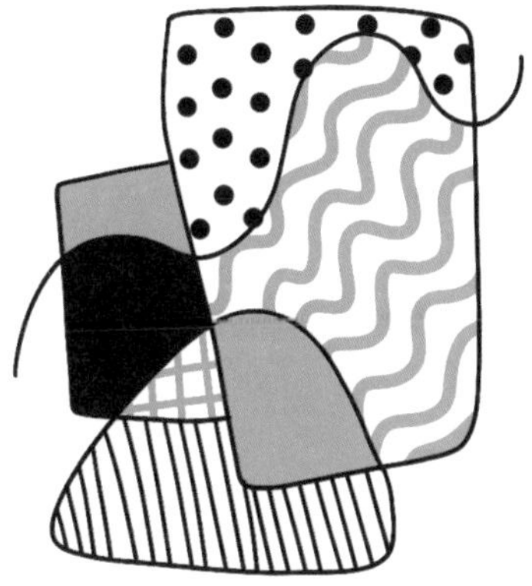

어떻게 된 걸까요?

4개 이하의 다른 펜을 사용해서 도전을 완수했다면, 축하해요!
수학자들은 이러한 규칙을 따르면, 최대 4개의 다른 색으로 어떤 패턴이든 채울 수 있다는 사실을 보여주었어요. 물론, 몇몇 단순한 패턴은 4개까지 필요하지도 않아요. 하지만 아무리 복잡한 패턴이라도 4개 이상은 필요하지 않아요.
친구들에게 단지 3개의 다른 색깔 펜으로 패턴들 중 하나를 채워보라고 요청해요. 또는 4개 이상의 펜이 필요한 패턴을 그려보라는 도전 과제를 줘도 괜찮아요. 그들은 할 수 없을 거예요!

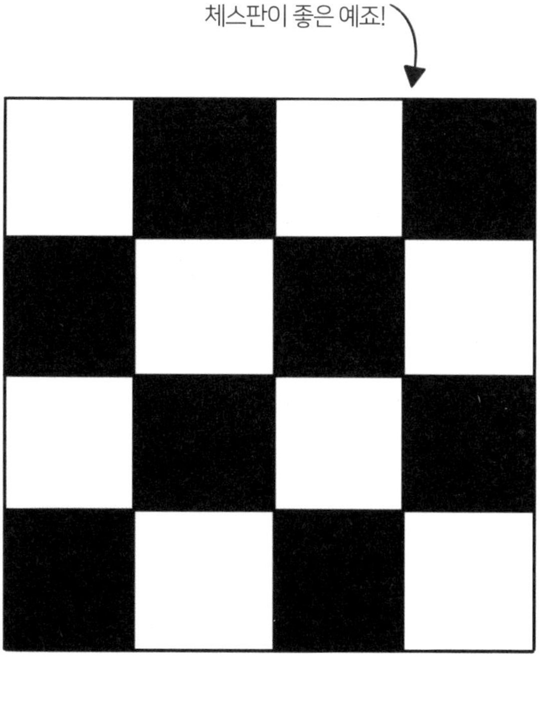

강 건너기

마지막으로, 이 유명한 퍼즐에서는 토끼의 목숨이 우리에게 달려 있어요!

트릭!

수학 천재 아이샤에게 까다로운 문제가 생겼어요. 그녀는 작은 보트를 이용해서 그녀 자신, 여우, 토끼 그리고 당근 자루를 강 건너편으로 옮겨야 해요. 왜냐고요? 누가 알겠어요!

문제는 그녀의 보트가 너무 작아서 한 번에 둘만 탈 수 있다는 거예요. 즉, 그녀 자신과 다른 하나의 동물이나 물건만 가능하다는 거죠. 여우와 토끼는 노를 저을 수 없기 때문에 그녀는 보트에 있어야 해요. 그녀는 그들을 모두 건너게 하기 위해 여러 번 강을 오갈 수 있어요. 하지만 그녀는 토끼를 여우와 같이 있도록 버려둘 수 없어요. 토끼가 잡아먹힐 테니까요. 그리고 토끼와 당근만 놔두고 갈 수도 없어요. 토끼가 당근을 먹을 테니까요.

그녀는 어떻게 할까요? 강을 몇 번이나 건너야 할까요? 방법을 알아낼 수 있나요?
한번 문제를 풀어보아요. 모르겠다면 일단 해답을 본 후에 다른 사람에게 문제를 내보아요!

어떻게 된 걸까요?

퍼즐은 해결될 수 있어요. 다만 토끼가 강을 2번 이상 건널 경우에만 가능해요.
여기서 해결책이 나오죠.

아이샤는 당근과 여우를 남겨두고
토끼를 데리고 건너가요.

그리고 혼자서 돌아가요.

이제 그녀는 여우를 데리고 건너가요.

그리고 토끼와 함께 돌아가요.

그녀는 당근을 가지고 강을 건너서
여우에게 다시 맡겨놓아요.

그리고 혼자서 돌아가요.

그녀는 마침내 토끼를 데리고 건너가요.

총 7번 건너는군요!

용어 해설

공식 특정 결과를 가져오기 위해 적용할 수 있는 규칙 또는 규칙 집합.

기하급수적 증가 숫자나 양이 점점 더 빠르게 증가하면 어떻게 될까? 빠르게 매우 높은 숫자로 이어진다.

네트(Nets) 3D 모양을 만들 수 있도록 잘라서 접을 수 있는 평면 패턴 또는 모양.

다각형 삼각형, 정사각형 또는 육각형과 같이 셋 이상의 직선으로 둘러싸인 평면 도형.

다면체 평평한 표면, 직선 모서리 및 뾰족한 모서리가 있는 입체 도형. 즉, 평면 다각형으로 둘러싸인 입체 도형.

대칭 한 면은 다른 면의 거울 이미지로, 대칭 모양은 양쪽이 동일함.

도(°) 각도를 측정하거나 원을 조각으로 나누는 데 사용되는 단위. 완전한 원에는 360°가 있고, 정사각형의 두 직선이 만나서 이루는 각은 90°임.

둘레 원의 가장자리를 한 바퀴 돈 길이. 사물의 테두리나 바깥 언저리를 이름.

마방진 자연수를 정사각형 모양으로 나열하여 가로, 세로, 대각선으로 배열된 각각의 수의 합이 전부 같아지게 만든 것.

마법의 별 모든 직선의 합이 같은 숫자로 이루어진 별 모양.

마법의 삼각형 모든 직선의 합이 같은 숫자로 이루어진 삼각형 모양.

뫼비우스의 띠 반 꼬아서 고리 모양으로 만든 도형으로, 안팎의 구분이 없음.

무한대 변수 x의 절댓값이 임의로 주어진 수보다 크게 될 수 있는 경우 그 변수 x의 상태. 기호는 ∞이며, 양의 무한대와 음의 무한대를 구별할 때는 각각 +∞, -∞를 쓴다. 가장 큰 수는 있을 수 없으므로 수는 무한함.

반원 원을 지름으로 이등분하였을 때의 한쪽.

반지름 원의 중심에서 가장자리까지의 거리.

백분율 100의 비율로 표시되는 전체의 일부 또는 부분. 예를 들어 25퍼센트는 100의 1/4임.

범자연수(Whole number, 정수) 분수가 아닌 3, 10 또는 200과 같은 완전한 숫자 또는 3 ½ 또는 3.5와 같은 십진수.

분수 전체의 비율로 표시되는 숫자 또는 양의 일부. 예를 들어, ¾은 4개의 동일한 부분 중 3개를 의미함.

사면체 4개의 평평한 삼각형 표면이 있는 입체 도형.

삼각수 다각수의 일종으로, 삼각형 모양을 만들기 위해 패턴으로 배열할 수 있는 점의 수. 정다각형 모양을 이루는 점의 개수를 다각수라고 함.

상수(Constant, 콘스턴트) 변하지 아니하는 일정한 값을 가진 수나 양. 파이(Pi)처럼 항상 동일하게 유지되는 값 또는 숫자.

소수(Decimal) 일의 자리보다 작은 자리의 값을 가진 수. 예를 들면, 0.1, 0.23, 4.2, 35.67 따위임.

소수(Prime number) 자신과 1로만 나눌 수 있는 숫자. 예컨대 17 같은 수.

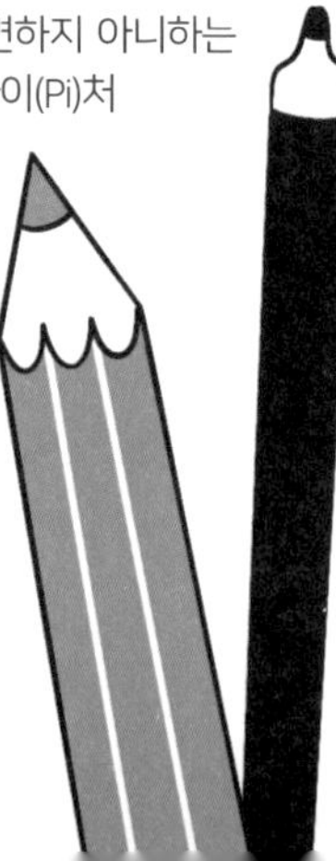

용어 해설

수직 가로등 기둥처럼 위아래로 이어지는 선이나 모양.

수평선 수평면에서 좌우로 이어지는 직선.

숫자 수를 나타내는 글자로 수학에서 일반적으로 사용하는 숫자는 1, 2, 3, 4, 5, 6, 7, 8, 9 및 0이 있다. 숫자는 다른 큰 숫자를 만들기 위해 결합됨.

시에르핀스키(Sierpinski) 삼각형 정삼각형을 1개 그리고, 정삼각형의 각 변의 가운데 점을 연결하여 합동인 삼각형 4개를 그린 후 가운데 삼각형을 없앤다. 이러한 규칙을 반복해서 만들어지는 도형을 시에르핀스키 삼각형이라고 한다. 시에르핀스키 삼각형 안에는 무수히 많은 삼각형이 있지만, 과정의 단계 수가 증가함에 따라 삼각형의 넓이는 0에 가깝게 됨.

십이면체 12개의 평평한 표면(보통 12개의 동일한 정오각형)이 있는 3D 모양.

십진법 10을 기수로 쓰는 실수의 기수법. 숫자 0, 1, 2, 3, 4, 5, 6, 7, 8, 9를 써서 10배마다 윗자리로 올려 나아가는 표시법이다. 즉, 1, 10, 100, 1,000,…과 같이 10배마다 새로운 자리로 옮겨감.

암호화 메시지 또는 기타 정보를 코드로 변환하는 프로세스.

암호화 키 암호화된 정보를 해독하는 데 필요한 숫자 또는 기타 정보.

애너모픽 드로잉(Anamorphic drawing) 특정 각도에서 보았을 때 정상적으로 보이도록 늘인 그림.

연속 임의의 수 다음의 숫자가 무엇인지 예측하는 규칙을 따르는 일련의 숫자.

오각형 5개의 똑바른 면이 있는 평면 도형.

원근감 특정 각도에서 세상이 보이는 방식, 멀리 있는 물체는 작게 표시됨.

용량 물체가 차지하는 공간의 양.

유레카(EUREKA) '찾았다' 혹은 '알았다'를 뜻하는 고대 그리스어.

육각수 육각형 모양을 만들기 위한 패턴으로 배열할 수 있는 점의 개수.

육각형 6개의 직선이 있는 도형.

이진법 일반적인 기본 10(또는 십진수) 시스템 대신 2를 기반으로 하는 계산 시스템.

이진수 숫자 0과 1만을 사용하여, 둘씩 묶어서 윗자리로 올려 간다. 십진법의 0, 1, 2, 3, 4는 이진법에서는 0, 1, 10, 11, 100이 됨.

제곱수 어떤 수를 제곱하여 얻은 수. 1, 4, 9, 16, 25 따위가 있다. 제곱수의 점을 정사각형으로 배열할 수 있음.

정삼각형 세 변의 길이가 모두 같은 삼각형.

용어 해설

증거 수학의 아이디어나 이론이 사실임을 보여주는 증명의 근거.

지름 원이나 구 따위에서, 중심을 지나는 직선으로 그 둘레 위의 두 점을 이은 선분. 또는 그 선분의 길이.

직각 정사각형의 모서리와 같은 90°의 각도.

컴퍼스 원을 그리는 데 사용되는 도구로, 그리려는 원이나 호의 크기에 맞춰 두 다리를 벌리고 오므릴 수 있는 제도용 기구.

테셀레이션(Tessellation) 같은 모양의 조각 또는 도형이 서로 겹치지 않으면서 빈틈 없이 평면 또는 공간을 전부 채우는 일.

톱니바퀴(기어) 둘레에 일정한 간격으로 톱니를 내어 만든 바퀴. 이가 서로 맞물려 돌아감으로써 동력을 전달함.

파이(π) 원의 둘레를 지름으로 나눈 값. 원의 크기와 상관없이 원의 둘레나 지름의 비는 일정한데 이를 원주율, 즉 파이라고 함. 약 3.141592.

착시도 실제와 다른 것을 보도록 뇌를 혼동시키거나 속이는 그림. 정상적인 그림에 다른 것을 덧그려 비정상적으로 보이게 그린 그림을 가리킴.

팔면체 8개의 평평한 표면이 있는 3D 모양.

평균 숫자 그룹의 중간 값 또는 일반적인 값으로, 숫자를 더한 후 그룹에 있는 숫자의 수로 나누어 구함.

프랙털(Fractal) 더 크고 더 작은 세부 수준에서 반복되는 패턴. 임의의 한 부분이 전체의 형태와 닮은 도형으로, 프랙털 패턴을 아무리 확대하거나 축소해도 동일한 패턴이 표시됨.

회전 대칭 다른 위치로 회전한 후에도 여전히 동일하게 보이는 모양.